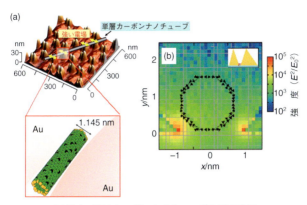

口絵 1　単層カーボンナノチューブの局所励起

(a) 金属ナノ微粒子の対構造に担持された単層カーボンナノチューブの概念図．対構造の間隙（幅 < 2 nm）に直径 1 nm 前後の単層カーボンナノチューブが挟まれている．

(b) 近赤外光（波長 785 nm）を金属ギャップ構造に担持された単層カーボンナノチューブに照射すると，その間隙に挟まれたナノチューブの直径より小さい空間に光強度（右計算図の色で表現）のナノ空間勾配が形成され，ナノチューブのごく一部を照らすことで特徴的な光励起が起こる様子を理論計算した結果である [2]．（最先端研究 1，p. 12 参照）

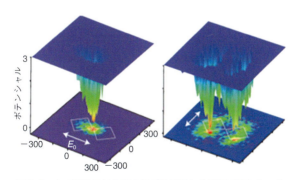

口絵 2　ナノ微粒子に作用するプラズモン放射圧ポテンシャル
（最先端研究 3，p. 24 参照）

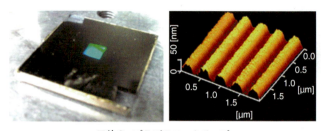

口絵3 プラズモニックチップ
(a) プラズモニックチップの写真, (b) 金属をコートした周期構造の原子間力顕微鏡像. (最先端研究 6, p.42 参照)

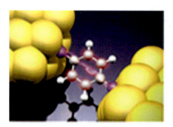

口絵4 単分子接合のモデル図
(最先端研究 8, p.72 参照)

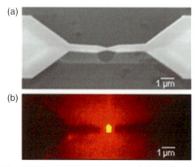

口絵5 (a) 金属ナノ電極の電子顕微鏡図および (b) ビピリジン分子接合からのSERS信号強度 (環呼吸振動モード: 1015 cm^{-1}) の空間マッピング
(最先端研究 8, p.72 参照)

化学の要点
シリーズ
29

プラズモンの化学

日本化学会 [編]

上野貢生 [著]
三澤弘明

共立出版

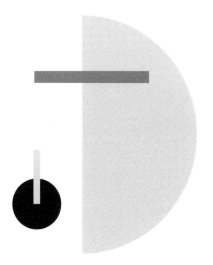

『化学の要点シリーズ』編集委員会

編集委員長	井上晴夫	首都大学東京 特別先導教授
		東京都立大学名誉教授
編集委員 (50音順)	池田富樹	中央大学 研究開発機構 教授
		中国科学院理化技術研究所 教授
	伊藤 攻	東北大学名誉教授
	岩澤康裕	電気通信大学 燃料電池イノベーション
		研究センター長・特任教授
		東京大学名誉教授
	上村大輔	神奈川大学特別招聘教授
		名古屋大学名誉教授
	佐々木政子	東海大学名誉教授
	高木克彦	有機系太陽電池技術研究組合 (RATO) 理事
		名古屋大学名誉教授
	西原 寛	東京大学理学系研究科 教授
本書担当編集委員	井上晴夫	首都大学東京 特別先導教授
		東京都立大学名誉教授

『化学の要点シリーズ』
発刊に際して

 現在,我が国の大学教育は大きな節目を迎えている.近年の少子化傾向,大学進学率の上昇と連動して,各大学で学生の学力スペクトルが以前に比較して,大きく拡大していることが実感されている.これまでの「化学を専門とする学部学生」を対象にした大学教育の実態も大きく変貌しつつある.自主的な勉学を前提とし「背中を見せる」教育のみに依拠する時代は終焉しつつある.一方で,インターネット等の情報検索手段の普及により,比較的安易に学修すべき内容の一部を入手することが可能でありながらも,その実態は断片的,表層的な理解にとどまってしまい,本人の資質を十分に開花させるきっかけにはなりにくい事例が多くみられる.このような状況で,「適切な教科書」,適切な内容と適切な分量の「読み通せる教科書」が実は渇望されている.学修の志を立て,学問体系のひとつひとつを反芻しながら咀嚼し学術の基礎体力を形成する過程で,教科書の果たす役割はきわめて大きい.

 例えば,それまでは部分的に理解が困難であった概念なども適切な教科書に出会うことによって,目から鱗が落ちるがごとく,急速に全体像を把握することが可能になることが多い.化学教科の中にあるそのような,多くの「要点」を発見,理解することを目的とするのが,本シリーズである.大学教育の現状を踏まえて,「化学を将来専門とする学部学生」を対象に学部教育と大学院教育の連結を踏まえ,徹底的な基礎概念の修得を目指した新しい『化学の要点シリーズ』を刊行する.なお,ここで言う「要点」とは,化学の中で最も重要な概念を指すというよりも,上述のような学修する際の「要点」を意味している.

本シリーズの特徴を下記に示す．
1) 科目ごとに，修得のポイントとなる重要な項目・概念などをわかりやすく記述する．
2) 「要点」を網羅するのではなく，理解に焦点を当てた記述をする．
3) 「内容は高く」，「表現はできるだけやさしく」をモットーとする．
4) 高校で必ずしも数式の取り扱いが得意ではなかった学生にも，基本概念の修得が可能となるよう，数式をできるだけ使用せずに解説する．
5) 理解を補う「専門用語，具体例，関連する最先端の研究事例」などをコラムで解説し，第一線の研究者群が執筆にあたる．
6) 視覚的に理解しやすい図，イラストなどをなるべく多く挿入する．

本シリーズが，読者にとって有意義な教科書となることを期待している．

『化学の要点シリーズ』編集委員会
井上晴夫（委員長）
池田富樹　伊藤　攻　岩澤康裕　上村大輔
佐々木政子　高木克彦　西原　寛

まえがき

　光エネルギーを用いて化学反応を駆動する"光化学反応"は，生物の光合成や視覚などにおける重要なプロセスであり，自然界に多く存在する．一方，現代の人々の生活に欠かせない先端科学技術を眺めてみると，ここにも光化学が重要な役割を果たしていることがわかる．今やスマートフォン（スマホ）は幅広い年代の必需品になりつつあるが，スマホに搭載されている音声や画像などの大量の情報処理のためのマイクロチップには，マイクロからナノメートルサイズに至る微細な電子回路が書き込まれている．これらの回路の作製にはフォトリソグラフィとよばれる微細加工技術が使われるが，フォトリソグラフィで必要不可欠となるのがフォトレジストとよばれる材料である．フォトレジストは照射した光を吸収し，光化学反応によって溶解性を変化させる材料であり，これなしでは微細な回路パターンを作製することはできない．このように光化学反応は，自然界のみならず，われわれの豊かな生活を支えている．

　さて，光化学を研究する多くの研究者は，筆者らも含め，太陽光，水銀灯，キセノンランプ，レーザーなどのさまざまな光源から発せられる光を気体，液体（溶液），そして固体に照射し，その挙動を観測してきた．光と分子のどちらも取り扱っている学問領域であるのにもかかわらず，分子や，分子の電子構造に着目した研究がおもに行われてきた．しかし，貴金属のナノ微粒子に光を照射すると，"局在表面プラズモン共鳴"とよばれる電子の波が金属表面に生じ，この電子波が"近接場"とよばれる時間的にも，空間的にも閉じ込められた新しい"光"を生み出す．プラズモン化学は，金属ナノ構造によって制御可能な光，"近接場"の特性を活かし，分子

のみならず"光"にも焦点を当てた従来にはない光化学の概念を生み出そうとする新しい学問領域であるといっても過言ではない．本書では，プラズモンについて平易に解説するとともに，その光化学反応場としての有用性について紹介する．

目　次

第1章　プラズモンとは？ … 1

1.1　ステンドグラスもプラズモン！ … 1
1.2　あのFaradayがステンドグラス発色の謎を解いた … 1

第2章　局在表面プラズモンとその光反応場としての有用性 … 3

2.1　金ナノ微粒子の自由電子とプラズモン共鳴 … 4
2.2　プラズモン共鳴 … 7
2.3　局在プラズモン共鳴における許容および禁制な遷移 … 11
2.4　プラズモン共鳴スペクトル … 14
2.5　プラズモン共鳴と近接場 … 21
2.6　プラズモンの位相緩和 … 27
2.7　プラズモン共鳴の光化学への展開 … 28

第3章　金ナノ構造体の作製方法 … 31

3.1　化学的合成法による金属ナノ微粒子の作製 … 31
　3.1.1　球形金ナノ微粒子 … 31
　3.1.2　ロッド状金ナノ微粒子 … 34
　3.1.3　さまざまな形状の金属ナノ微粒子の作製 … 37
3.2　電子ビームリソグラフィによる金ナノ構造体の作製 … 40

第4章 金ナノ微粒子を光反応場として用いたプラズモン誘起光化学反応 47

4.1 同時二光子吸収と通常光源によりそれを可能にする光反応場 48

4.2 プラズモン誘起同時二光子吸収によるフォトクロミック反応 52

4.3 プラズモン誘起同時二光子吸収による光重合反応 55

4.4 近接場を用いたナノリソグラフィ 59

第5章 プラズモン共鳴を用いた光電変換システム 65

5.1 金ナノロッド構造を担持した酸化チタン光電極の光電変換特性 68

5.2 水を電子源とするプラズモン誘起光電変換 74

5.3 金/酸化チタン界面構造が光電変換特性に与える影響 77

第6章 プラズモン共鳴を用いた人工光合成 83

6.1 プラズモン誘起水分解反応 84

6.2 プラズモン誘起アンモニア合成システム 89

6.3 プラズモン共鳴を利用した人工光合成の高効率化に向けて 96

参考文献 104

索 引 107

最先端研究目次

1. 金ナノギャップの近接場を使って禁制励起を許容に変える
   .... **12**
2. 金ナノディスクによる異常透過現象............................. **22**
3. プラズモンによるナノ微粒子トラッピング................... **24**
4. 形状制御された金ナノ微粒子の合成法........................ **36**
5. 3次元金属-無機ハイブリッド構造体の作製 **38**
6. 伝搬型プラズモンを用いたバイオセンシング............... **42**
7. プラズモン増強電場による光触媒反応の高活性化......... **60**
8. 二刀流で単一分子を観る.. **72**

第1章

プラズモンとは？

1.1 ステンドグラスもプラズモン！

　化学を専攻しようとする学生諸君，またはすでに専攻している学生諸君にとっても，"プラズモン"という単語は聞き慣れない専門用語ではないだろうか．しかし，意外にもプラズモンは身近なところに存在している．たとえば，教会などでよく見かけるステンドグラスは，このプラズモンによって発色している．また，赤色に着色したガラスの表面に彫刻を施した江戸切り子や，薩摩切り子とよばれるカットガラスのおしゃれなワイングラスや，タンブラーを見たことがある人も多いと思う．これらのワイングラスやタンブラーの色もプラズモンによって発色しているのである．ステンドグラスや切り子に使われているガラスを発色させるプラズモンの正体は，金や銀のナノ微粒子中の自由電子が光と相互作用したときに現れる現象であり，プラズモンという用語は知らなくてもその現象を目にした人は多いだろう．

1.2 あのFaradayがステンドグラス発色の謎を解いた

　ガラスに金や銀を混ぜることによってガラスを着色できることは，実はかなり古い時代から知られていた．さかのぼること古代ローマ時代の紀元300年頃には，当時の職人によりこのガラスの

発色技術が使われ，光の当て方によって色が変化するグラスが作られていたのだ．もちろん，このガラスの発色技術は当時の最先端技術であったに違いないし，多くの人を魅了したことであろう．当時作製され，唯一ほぼ完全な形で保存されている"リュクルゴスの杯"とよばれるグラスが，現在ロンドンの大英博物館に収蔵されている．"リュクルゴスの杯"の正面から光を当てると，化学実験でも用いられるメノウ乳鉢のような薄緑色になるが，背面から光を当てると鮮やかな赤色になる．当然，古代ローマ時代の職人たちは，ガラスの中に金や銀のナノ微粒子が形成され発色するというメカニズムは理解していなかった．その後，長い間，このガラスの発色原理は理解されないまま，ステンドグラスや切り子などに応用されてきたのである．

この発色の原理を科学的に初めて解明したのは，電気化学や電磁気学の研究でも有名な英国の Michael Faraday である．Faraday は，1857 年に塩化金酸（$HAuCl_4$）を二硫化炭素（CS_2）により還元することによって金コロイドが生成して赤色に発色すること，また生成した金コロイドのサイズによって色が変化することを明らかにしたのである．リュクルゴスの杯も 1990 年代にその破片を分析することによって金と銀のナノ微粒子が含まれていることが明らかにされ，その発色の謎が解明されたのである．

第2章
局在表面プラズモンと その光反応場としての有用性

2020年の東京オリンピックでは使用済み携帯電話などから取り出されたリサイクル金属が金，銀，銅のメダルに使われるという．当然のことながら，リサイクルであろうと金メダルは金色，銀メダルは銀色をしている．

ところで，銀は色がなく鏡面のように光を反射するのに，なぜ金は黄色みがかった色，銅は金より赤みがかった色をしているのだろうか？ 物質の色はその物質がどの波長の光を吸収するかによって決まるが，銀は波長 400 nm 以下の紫外光を吸収し，人間が色を感じる可視光を反射するため色はない．他方，金は波長 550 nm 以下に吸収帯があるため，可視光の青と緑の光が吸収され，黄や赤の光が反射されるため黄色っぽく見える．また，銅は金よりもさらに波長の長い黄の光もある程度吸収するため，金よりも赤っぽく見えるのである．

では，もし，金や銀を数ナノメートルサイズにまで小さくしたら，やはり金は金色，銀は銀色をしているだろうか？ 不思議なことに，そうはならない．サイズや形状によって色は異なるが，数ナノメートルのサイズの球形の金ナノ微粒子（AuNPs）は赤色，銀は黄色をしている．なぜ，金や銀のサイズをナノメートルにまで小さくすると金や銀の塊（バルク）とは異なる色を示すのであろうか．それは，本書のタイトルにもある"プラズモン"，正確には"局在

表面プラズモン共鳴（localized surface plasmon resonance：LSPR）"という光とナノメートルサイズの金属微粒子との特異的な相互作用によって生ずる現象による．本章では金属ナノ微粒子が示すプラズモン共鳴の基礎的な事柄と，それを光反応場として利用する最新の光化学の研究について平易に解説する．

2.1 金ナノ微粒子の自由電子とプラズモン共鳴

プラズモン共鳴には2つのタイプがある．一つは"伝搬型のプラズモン共鳴"，もう一つは"局在型のプラズモン共鳴"である．伝搬型とは，ガラスやサファイアなどの平滑な基板の上に蒸着法などによって成膜した金や銀の薄膜上に生じるプラズモン共鳴であり，このプラズモンは薄膜上を伝搬する．一方，局在型とは，化学的な合成法や，半導体微細加工法によって作製されたナノメートルサイズの金属微粒子表面上に生じるプラズモン共鳴であり，プラズモンは伝搬せずにナノメートル程度の空間に局在するためにそうよばれる．本書で取り扱うのはおもに後者の局在型の表面プラズモン共鳴であり，とくに断らないかぎり本書では局在型を"プラズモン共鳴"とよぶことにする．また，プラズモン共鳴を利用した光反応場としては，化学的に安定な金のナノ微粒子が広く用いられているので，以下に金ナノ微粒子を例にして局在プラズモンについて概説する．

まず，プラズモン共鳴を示す金ナノ微粒子のサイズについて説明しよう．直径が3 nm程度以上の金ナノ微粒子の場合には，多数の金原子が微粒子内に存在していて，それらの原子軌道が相互作用することによって電子の入る新たな軌道をつくるが，有機化合物などと異なり多くの原子軌道が相互作用するため，それらの電子準位は

離散的な準位とはならず，連続となる．このような電子が入る状態をエネルギー帯，またはエネルギーバンドとよぶ．エネルギーバンドの中に存在する電子は，金属の中を自在に動けるため伝導電子，または自由電子とよばれる（図 2.1(a)）．化学では自由電子という呼び方が一般的なので，本書では自由電子とよぶことにする．一方，金属の中には自由電子のほかに原子核に束縛されている束縛電子とよばれる電子も存在し，金の場合には 5d 軌道の電子どうしが相互作用して生じるエネルギーバンドがあり，そのバンドは束縛電子で満たされている（図 2.1(a)）．これらの自由電子や束縛電子はほとんど，あるエネルギー以下のバンドに入っている．他方，それよりエネルギーの高いバンドには電子がほぼ存在しないような電子の分布になっており，このエネルギーの境目をフェルミ（Fermi）準位とよび，その物質の電子のもつ最高のエネルギーの目安となる（図 2.1(a)）．

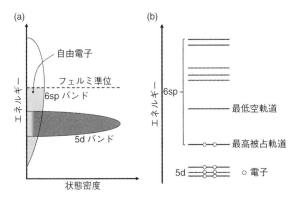

図 2.1 (a) 直径が 3 nm 程度以上の金ナノ微粒子のエネルギーバンド図，(b) 直径が 1〜2 nm 以下の金ナノクラスターのエネルギーダイアグラム

一方，直径が 1〜2 nm 以下の金ナノ微粒子（金ナノクラスター）では，微粒子を構成する原子の数が数百個程度と限られているため，金原子どうしの相互作用によって分子のような離散的な電子準位が形成され，電子はその準位に入るので自由電子は存在しない（図 2.1(b)）．プラズモン共鳴は自由電子の集団運動であるため，プラズモン共鳴には自由電子が必要であり，したがって，金ナノ微粒子の直径がおよそ 3 nm 以上でなければプラズモン共鳴を観測することはできない．

さて，アルゴン（Ar）のような気体を圧力の低い容器に閉じ込めて静電場や振動電場を印加すると，アルゴンから電子が引き剥がされて，正電荷（陽イオン）と負電荷（陰イオン）がバラバラとなるプラズマが生じる．このプラズマに振動する電場を照射すると，正電荷は質量が大きいためほとんど動かず，負電荷（電子）のみ往復運動（振動運動）する．このようなプラズマは固体の中でも存在する．金ナノ微粒子内の自由電子は原子核の正電荷の束縛を受けずに微粒子内を自由に運動しているためプラズマ状態といえる．ここで金ナノ微粒子表面付近においてバラバラに運動している自由電子に光が照射された場合を考えてみよう．光は図 2.2 に示すように電場と磁場が直交し，振動しながら伝わっていく．したがって，光が金ナノ微粒子に照射されると，気体のプラズマと同様に，振動して

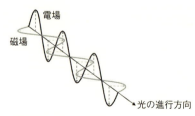

図 2.2　電場と磁場が直交し，振動しながら伝わっていく電磁波（光）

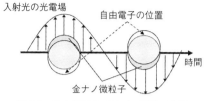

図 2.3 自由電子のプラズマ振動の略図

いる光の電場によって図 2.3 のように自由電子の集団的な振動運動が誘起される [1]．

2.2 プラズモン共鳴

金ナノ微粒子中の自由電子の集団的な振動運動には，振動しやすい固有の振動数が存在し，これを固有振動数とよぶ．また，このような自由電子の振動運動を"プラズマ振動"，その固有振動数を"プラズマ振動数"，または"プラズマ周波数"とよぶ．この固有振動数は，金ナノ微粒子のサイズ，形状，微粒子の周りの媒体の誘電率などのパラメータにより決まる．また，自由電子の固有振動は，ブランコやメトロノーム，そしてギターなどの弦楽器の弦における固有振動と同様に考えることができる．ここでは自由電子の固有振動をイメージしやすくするために，弦の固有振動を例に取り説明しよう．

両端を固定して張った弦を爪弾くと，弦の長さや張力，さらにはその材質によって異なる高さの音が出ることは，多くの人が経験して感覚として知っているのではないだろうか．これは弦の長さ，張力，材質によって決まるそれぞれの固有振動数が存在するためである．弦の振動は，図 2.4 に示すように固定した両端が波の節となる

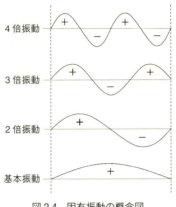

図 2.4　固有振動の概念図

ような波長の波は残るのであるが，そうでない波長の波は消えてしまい残らない．残った波のうち，波の腹が 1 つの振動を"基本振動"，腹が 2 つの振動を"2 倍振動"，腹が 3 つの振動を"3 倍振動"，……と腹の数に合わせて○○倍振動とよぶ．これが弦の振動運動の固有振動であり，波の腹の数が 0.3 や 3.7 などの整数にならない波は存在できず，整数の波だけが固有振動として存在することが可能になる．

さて，話を金ナノ微粒子中の自由電子の固有振動数に戻そう．自由電子の固有振動の場合は，集団的な振動運動によって自由電子の偏在が生じるので疎密波（縦波）となるが，横波の弦と同様に基本振動，2 倍振動，3 倍振動，……と波の腹の数が整数の固有振動が存在する．もし，照射した光の振動数が，この金ナノ微粒子の自由電子の集団振動の固有振動数とピッタリ合えば，非常に強い自由電子の集団振動が誘起される．これは強制振動，共振，または共鳴などとよばれる現象であり，これが"局在表面プラズモン共鳴"であ

る．

　この局在表面プラズモン共鳴が生じたときの金ナノ微粒子表面における自由電子の動きや，電荷の偏りについてもう少し詳しく説明しよう．入射光の電場成分によって負電荷をもつ自由電子の集団運動が誘起されるので，金属微粒子表面に電気的な分極（プラスとマイナス）が生じて双極子（プラスとマイナスが1つずつの組合せ）が形成される．光の振動数は，可視波長領域ではペタヘルツ（PHz；10^{15} Hz）と非常に大きい．自由電子が光の電場の非常に速い振動に合わせて往復運動をする移動距離は数ナノメートル程度（フェルミ速度 [m s^{-1}]／光の振動数 [s^{-1}]）と見積もられる．

　ここでフェルミ速度について簡単に説明しておこう．量子力学で取り扱う電子や光子などの粒子は，その振舞いによって2つの異なるグループに分けることができる．一つは電子などのフェルミ粒子であり，もう一つは光子などのボーズ（Bose）粒子である．フェルミ粒子である電子は，電子が多数存在するときに，同じ空間において同じ運動量（電子の（質量）×（速度）である），同じスピンをもつことは量子力学的に許されない．したがって，金属のある空間において多数の自由電子が存在する場合，それらの運動量は小さいものから最大のものまで，これは言い換えると自由電子の速度が小さいものから最大のものまで，またあらゆる方向の運動量状態によって占められなければならない．そのため，それら自由電子の運動量分布は空間的に球状となる．この球の表面は，運動の方向は異なるけれども，いずれも最大の運動量をもつ状態であり，これをフェルミ面という．そして，このフェルミ面を形成する電子の速度は最大運動量を電子の質量で割った値となり，これをフェルミ速度とよぶ．なお，金の自由電子のフェルミ速度は 1.4×10^{6} m s^{-1} であり，光速の1%以下となる．

さて,金属ナノ微粒子表面の中心付近では,たとえ自由電子が振動運動によって移動しても,近傍の別な電子がその場所に速やかに移動してくるために電気的な中性は保たれる.しかし,金属ナノ微粒子の両端(空気や他の媒質との界面)においては界面であるために電荷の中和が起こらず,電荷密度の偏り(正電荷や負電荷,またはプラスやマイナス)が光の振動数の速さで変化する(図2.3).したがって,図2.3で示す球形の金ナノ微粒子のプラズモン共鳴における基本振動では,正電荷と負電荷は金属ナノ微粒子の両端に局在することになる.

先に述べたように,プラズモン共鳴の振動数(または共鳴波長)は,用いる金ナノ微粒子のサイズ,形状,微粒子の周囲の誘電率,などのパラメータに依存する.たとえば,ロッド形状や,三角柱状,キュービック形状など,球形ではない金ナノ微粒子も化学的に合成できるが,これらのプラズモン共鳴波長は異なる.言い換えると,どのような波長でプラズモン共鳴を誘起させたいかということが決まれば,それに合わせて金属ナノ構造を設計し,作製すればよいことになる.

また,プラズモン共鳴は基本振動のほかに2倍振動,3倍振動のように振動数の大きな固有振動が存在しており,その共鳴状態を生成させるためには,基本振動よりエネルギーが高い,すなわち波長が短い光の照射が必要になる.その共鳴周波数(または共鳴波長)は,基本振動,2倍振動,3倍振動と,分子の電子状態と同じように連続ではなく離散的なエネルギー状態となり,量子的な振舞いをするため,"プラズモン"とよばれるのである.

2.3 局在プラズモン共鳴における許容および禁制な遷移

　一般的に局在プラズモン共鳴として観測されやすい固有振動は基本振動である．一方，偶数倍の2倍振動，4倍振動，……，は観測されにくい．これは偶数倍の振動は禁制となるためである．これを直感的に理解するために図2.5に示す1次元の構造をもつ金のナノワイヤを用いて説明する．図に示すように金ナノワイヤは，共鳴を誘起する光の波長よりもかなり小さい．このような状態は"長波長近似が成り立つ状態"とよばれる．このような状態においては，2倍振動や4倍振動などのプラズモン共鳴により生じるプラズモンの波の位相（図の中のプラスとマイナス）は，照射した光の波の位相（図中ではプラス）ではプラスとマイナスが打ち消し合うため励起することができず禁制となる．しかし，後述するように光の入射角度を変えることなどにより禁制が破れ，偶数倍の振動を有する局在プラズモン共鳴が許容となることもある．また，奇数倍（3倍振動，5倍振動，……）の固有振動の位相については，偶数倍の振動とは

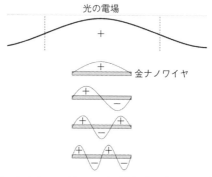

図2.5　金のナノワイヤにおける局在プラズモンの固有振動

異なりプラスとマイナスが完全に打ち消されることはなく，プラスが多いか，マイナスが多いかのどちらかになるため，図2.5に示すように長波長近似が成り立つ状態でもプラズモン共鳴の励起が許容となるが，基本振動に比べると励起される確率は低くなる．これらの振動について別な呼び方をすることがある．たとえば，基本振動を基本モードとよんだり，2倍振動，3倍振動，……，を高次のモードとよぶことがある．

【最先端研究1】

金ナノギャップの近接場を使って
禁制励起を許容に変える

ナノメートルサイズのギャップを有する金微粒子二量体をガラス基板上に作製し，単一の単層カーボンナノチューブをその二量体のナノギャップに配置し（図(a)），近赤外光を照射した．すると，特定の配置を有するカーボンナノチューブから本来観測されるはずのないラマン（Raman）散乱光が観測されることがわかった．カーボンナノチューブの構造や光の波長，ナノギャップにおける配置方位をもとに新たに開発した理論計算手法によってこの現象を解析したところ，照射した光により誘起されたプラズモン共鳴によって近接場が生じ，ナノギャップに配置された直径約1 nmの単層カーボンナノチューブのサイズレベルに近接場が局在したために（図(b)），元来禁制な光吸収が誘起され，通常では観測されないラマン散乱光が観測されたことが証明された．

長波長近似が成り立つ条件下では，単層カーボンナノチューブはその構造によって光吸収特性が厳密に規定されており，今回観測されたような近赤外光の吸収はまったく起こらないことがわかっていた．今回，単一のナノチューブを金微粒子二量体のナノギャップに配置することによって，カーボンナノチューブの吸収特性を変化させられることが実験的に初めて証明された．

さらに,図2.6(a)に示す金ナノブロック構造のような2次元の構造は,構造に対して垂直に光を入射すると,ある瞬間は図に示すように片側がプラス,別な片側がマイナスとなるが,光の位相がπ(半波長)進むとこのプラスとマイナスの位置関係は逆転し,これが繰り返される.このような電荷の空間配置をもつプラズモンを双極子モード(dipole mode)のプラズモンとよぶ.他方,図2.6(b)に示すように金ナノブロック構造の大きさが照射波長程度となり

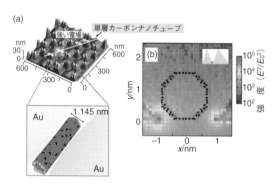

図 単層カーボンナノチューブの局所励起
(a) 金属ナノ微粒子の対構造に担持された単層カーボンナノチューブの概念図.対構造の間隙(幅<2nm)に直径1nm前後の単層カーボンナノチューブが挟まれている.
(b) 近赤外光(波長785nm)を金属ギャップ構造に担持された単層カーボンナノチューブに照射すると,その間隙に挟まれたナノチューブの直径より小さい空間に光強度(右計算図の色で表現)のナノ空間勾配が形成され,ナノチューブのごく一部を照らすことで特徴的な光励起が起こる様子を理論計算した結果である [2].(カラー図は口絵1参照)

(北海道大学大学院理学研究院　村越　敬)

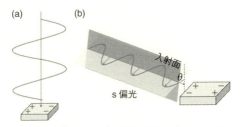

図 2.6 双極子および四重極子プラズモンモード
(a) 垂直光入射により金ナノブロック構造に誘起される双極子プラズモンモード，(b) s偏光照射条件で金ナノブロック構造に誘起される四重極子プラズモンモード（光電場が入射面に垂直の場合をs偏光，入射面内の場合をp偏光とよぶ）．

（長波長近似が成り立たなくなる），さらにその構造に対して図に示すように斜めからs偏光を入射した場合には，図に示すように位相の異なる電場が構造に照射されるため，プラスとマイナスが図のように交互に並ぶ [3]．このようなプラズモン共鳴は禁制であるが，構造の大きさや入射角度により許容となる．なお，このようなプラズモン共鳴の電荷の空間配置を有するプラズモンを四重極子モード（quadrupole mode）のプラズモンとよぶ．

2.4　プラズモン共鳴スペクトル

　銀や金ナノ微粒子のプラズモン共鳴は，通常，可視から近赤外の波長域で生じる．プラズモン共鳴はどのようなスペクトルを示すのであろうか？　それらのプラズモン共鳴スペクトルについて述べる前に，バルクの銀と金による光の反射および吸収と，それらの電子構造との関係について少し詳しく説明しておこう．

　金属の塊，すなわちバルク金属による光の反射は，金属の自由電

用語解説 1 p 偏光と s 偏光

図に示すように,xy 平面を境界面として z の正負で媒質が異なるとき,境界面に垂直な線を法線とよぶ.境界面に入射角 θ_I で光が入射すると,入射光の一部は境界面で反射し(反射角 θ_R),一部は境界面を透過する(透過光の屈折角 θ_T).境界面に垂直で入射光・反射光を含む面を入射面(xz 平面)とよぶ.このように境界面に斜めから直線偏光の光を入射したときには p 偏光と s 偏光という 2 種類の偏光が存在する.図に示すように,入射面内で光電場が振動する偏光を p 偏光,入射面に垂直に光電場が振動する偏光を s 偏光とよぶ.

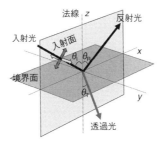

⟷ p 偏光:入射面内で光電場が振動
⟺ s 偏光:入射面に垂直に光電場が振動

図 境界面に入射角 θ_I で直線偏光の光を入射したときに存在する p 偏光と s 偏光

子によって生ずる.銀と金はそれぞれ,d 電子 10 個すべてが内殻である 4d 軌道と 5d 軌道を占有していて,さらに最外殻の 5s 軌道と 6s 軌道に電子が 1 つずつ存在しており,この 2 つの金属はたいへんよく似た電子配置を有している.また,銀の 5s 軌道,および金の 6s 軌道の電子によって金属結合が誘起されることはよく知られている.銀原子や金原子の最外殻の s 軌道は p 軌道と混成軌道を形成している.これらの銀原子どうし,または金原子どうしが多数

個集まると,幅広いエネルギー分布をもった 5sp および 6sp 電子伝導帯(金の場合を図 2.1(a) に示してある)とよばれるエネルギーバンドを形成する.電子伝導帯は,幅広いエネルギー分布をもつことによって金属結合を安定化させるため,銀や金などの金属原子は原子で存在するよりも多数の原子と結合するほうがエネルギー的に安定となる.この電子伝導帯に存在する自由電子は,金属中を自由に動き回れることはすでに述べたが,この自由電子が光の反射に関わっている.金属に光が入射すると,光の振動電場によって電荷をもつ自由電子が運動エネルギーを獲得する.光の電場は可視波長域ではペタヘルツの周波数で振動していることから,自由電子は光の電場の振動方向に高速に揺さぶられてプラズマ振動するが,自由電子が負の電荷を帯びていることから,入射した光の電場とは逆向きの方向に揺さぶられることになる.したがって,入射してくる光の電場と電子の運動によって形成される電場が正と負で打ち消しあうため(遮蔽効果),入射した光は金属内部に侵入することができず,表面で反射されることになる.

一方,光の波長が短くなってくると光の電場の周波数がより高くなる.自由電子の速度は有限であるため,電子の運動が周波数の上昇に伴って追従できなくなる.したがって,光が金属の内部に侵入できるようになる.銀や金の場合,内部に侵入した光により,前述したフェルミ準位よりエネルギーが低い d 電子の相互作用によって生じたエネルギーバンドの束縛電子が,フェルミ準位よりエネルギーの高い電子が満たされていない空のエネルギーバンドに励起されるような光吸収が起こる.銀では 400 nm 以下の紫外光,金では波長 550 nm 以下の可視光を吸収し,内殻の d 軌道の電子が励起される.これをバンド間遷移とよぶ.したがって,銀は無色であるが,金は青と緑の光を吸収するため,その補色である黄色味を帯び

たいわゆる黄金色を示す.

それでは本題のプラズモン共鳴のスペクトル特性について説明しよう.プラズモンの共鳴波長は金ナノ微粒子のバンド間遷移による光吸収による分極により影響を受けることが理論的にわかっている.銀の場合には,波長 400 nm 以下のバンド間遷移の長波長側にプラズモン共鳴のスペクトルが現れる.また,金の場合には,銀と同様にバンド間遷移が観測される波長 500 nm より長波長側にプラズモン共鳴スペクトルが現れる.たとえば,粒径が 10 nm 程度の銀ナノ微粒子のプラズモン共鳴スペクトルは,およそ 410 nm 付近に,また同程度の粒径の金ナノ微粒子は,およそ 550 nm 付近に現れるため,それぞれを分散した水溶液は黄や赤の色を呈する.このように,銀や金のナノ微粒子はバルクの銀や金とは異なる色を示す.

前述のようにプラズモン共鳴スペクトルは,その形状やサイズ,また周囲の媒体によって変化するが,その例として図 2.7(b) に,ガラス基板上に金のナノブロックを 100 nm の間隔で配置した金ナ

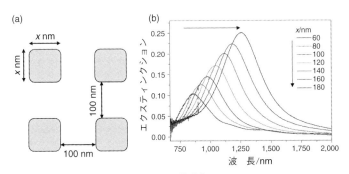

図 2.7 金ナノ構造体アレイ
(a) 金のナノブロックを 100 nm の間隔で配置したアレイの設計略図(上面図).
(b) 1辺の長さ(x)を変化させたアレイのエクスティンクションスペクトル.

ノ構造体アレイ（図 2.7(a) は上面図で，縦と横の辺の長さは同じ構造）のエクスティンクション（消光）スペクトルを示す．なお，プラズモン共鳴に関するスペクトル計測では，このエクスティンクションスペクトルがよく用いられる．色素溶液などの吸収スペクトルとは異なり，金ナノ微粒子による光吸収だけでなく，光散乱も誘起される．したがって，色素溶液の吸収スペクトル計測と同様に入射光強度と透過光強度を計測するのではあるが，光吸収だけではなく光散乱により生じる入射光の損失も含まれるため，エクスティンクションスペクトルとよばれるのである．このプラズモン共鳴と光散乱の関係については，プラズモン共鳴の位相緩和の節（2.6 節）で述べる．

さて，図 2.7(a) に示す構造の 1 辺の長さ x は，60～180 nm の任意の値とし，構造の厚みは 30 nm と一定となっている．この金ナノ構造体は，電子ビームリソグラフィにより作製している．構造の 1 辺の長さが 20 nm ずつ大きくなると，エクスティンクションスペクトルの極大波長が図 2.7(b) に示すように長波長シフトする．また，エクスティンクション値（y 軸の値）も増大している．これは，散乱光の大きさが微粒子の体積に比例するため散乱光強度が増大していること，また構造間距離を 100 nm と一定にしていることにより，金ナノブロック構造の 1 辺の長さを長くすれば，単位面積あたりの金の占有面積が大きくなり，その結果エクスティンクション値が増大するのである．また，プラズモン共鳴スペクトルの共鳴波長のシフト量は，構造サイズの増大に伴って線形に，かつ単調に増加することが実験的に示されている．一方，1 辺の長さを固定して構造の厚みを厚くすると，エクスティンクションスペクトルが短波長シフトすることは，理論的，実験的にも明らかにされている．

次に図 2.8 に示すようなナノ構造の上方から見て縦と横の辺の長

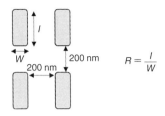

図 2.8　金ナノロッド構造体アレイの設計略図
上面図で示す金ナノロッド構造体を 200 nm の間隔で配置した．

さに異方性をもった金ナノロッド構造体のエクスティンクションスペクトルを，図 2.9 に示す．これらの構造体の厚みは 60 nm と一定にし，構造の縦と横の長さの比であるアスペクト比 (R) を変化させる．このとき，構造体の体積は変化せず一定の値 864,000 nm³ となるように設計されている．エクスティンクションスペクトルは，図 2.9(a) に示すように，アスペクト比 R = 1,3,5,7,9 のそれぞれの構造体に，光源から取り出した偏光方向を揃えていない無偏光の光を照射して計測が行われた．前述したように光の電場は，光の進行方向に対して垂直な面内で振動している．電場の振動面がある特定の方向に限られているものを直線偏光という．これに対して通常のスペクトル計測に使用するキセノン（Xe）ランプや，ハロゲンランプから放射される光は，さまざまな方向の振動面をもった光が多数集まったもので，偏光方向をある特定の方向に揃えていない光，無偏光となっている．図から明らかなように，R = 1 で縦と横の辺の長さが同じ構造体では，エクスティンクションの極大値は 1 つであるが，R = 3,5,7,9 のいずれの場合にもエクスティンクションの極大値は，可視波長域に 1 つ，近赤外波長域に 1 つ，合計 2 つ現れる．これは，金ナノロッド構造体の縦と横のそれぞれの双極子モードが観測されたことによるものである ［4］．一方，ある直線偏光だ

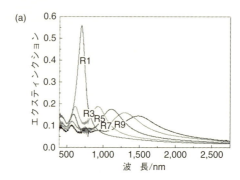

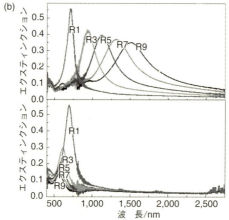

図 2.9 金ナノロッド構造体のエクスティンクションスペクトル
(a) 無偏光照射条件, (b) 直線偏光照射条件:上段 長軸に対して平行, 下段 短軸に対して平行. アスペクト比 $R=1,3,5,7,9$ を R1, R3, R5, R7, R9 で示す.

けを取り出すことが可能な偏光板という光学素子を用いて直線偏光を取り出し, 構造体のエクスティンクションスペクトルを測定すると, 図 2.9(b) のスペクトルが得られた. 図 2.9(b) の上段は, 金ナノロッド構造の長軸に対して平行な直線偏光を照射して測定した

エクスティンクションスペクトル,下段は短軸に対して平行な直線偏光を照射して測定したエクスティンクションスペクトルである. $R=1$ の金ナノロッド構造体(縦と横の辺の長さの比が1なので,金ナノブロック構造である)のエクスティンクションスペクトルは,上段,および下段ともに波長 700 nm 近傍に極大値が現れている.一方,$R=3$ 以上の金ナノロッド構造に関してはプラズモン共鳴の L-mode(長軸)と,T-mode(短軸)は互いに干渉することなくそれぞれの直線偏光によって独立に励起されることがわかる.また,プラズモン共鳴波長は,金ナノロッド構造の縦,および横の辺のそれぞれの長さに別々に対応して波長シフトしていることもわかる [5].

2.5 プラズモン共鳴と近接場

これまで説明してきたようにプラズモン共鳴とは,入射した光の振動電場によって金ナノ微粒子表面の自由電子が集団的な振動運動

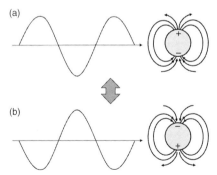

図 2.10 (a) 自由電子の振動運動によって形成される近接場の略図,
(b) (a) の入射光の位相が逆転した略図

を起こすことである．このような自由電子の振動運動によって，図2.10(a) に示す新たな電場が生じる．入射光の電場は振動している振動電場であり，位相は時々刻々と変化するため，図2.10(b) のように位相が逆転すれば自由電子の偏りが反転し，電場のプラスとマイナスも逆転する．金ナノ微粒子上に形成した電場の振動によって電磁場，すなわち"光"が生じる．この電磁場は金ナノ微粒子表面の電子の集団振動によって形成されるため，通常の光とは異なり自由空間を伝搬できず，金ナノ微粒子の表面近傍にしか存在するこ

【最先端研究２】

金ナノディスクによる異常透過現象

ナノの世界では，光の性質も通常のわれわれの常識とは違うことがある．ここで紹介するのは，孔から出てくる光が，孔を塞いだほうが強くなる現象である．光を通さない金属板に，孔を開けて光を通す．孔が十分大きければ光はそこを通過して直進する．孔を小さくして波長よりも小さくなると，光は孔からほとんど通れなくなる．さてここで，この小さい孔を，孔よりも少し大きな貴金属製の円板で塞いだらどうなるだろうか．われわれの常識の世界では，光は完全に円板で止められ，光は出てこなくなるだろう．ところがナノの世界では，この常識が通用しないことを，筆者らは近接場を観測することができる近接場光学顕微鏡を使って見出した．近接場光学顕微鏡のプローブでは，金の薄膜に 100 nm 程度の小孔が開いていて，そこに光を導入する．孔を通って出てきたわずかな光をレンズで集めて検出する．さて次に，その孔から 10 nm 前後離れた位置に，直径 200 nm 程度の金の円板を孔を塞ぐように置いて，同様に通ってくる光を検出した．すると，円板を置いたほうが，通ってくる光が強くなる場合のあることがわかった．孔を塞ぐと光がよく通るということである．何故このようなことが起こるのか？ 実は，波長よりも小さな孔の周囲に

とができないことから"近接場"とよばれる．

金ナノ微粒子上に発生する近接場は，電磁場解析法の一つである時間領域差分法（finite-difference time-domain method：FDTD method）を用いて計算することができる．最近では，FDTD法のソフトウエアが市販されており，それを用いて金属の種類や，形状，サイズ，微粒子が接触している媒質の誘電率などをパラメータとして入力すると，近接場が金ナノ微粒子のどの空間に最も強く生じるかなどを計算することができる．図2.11は酸化チタン基板上

は，空間を伝わらない近接場が局在している．この近接場によって貴金属製の円板のプラズモンが励起され，その位相緩和に伴い空間を伝わる散乱光に転換される．そのため円板で孔を塞いだほうが，出てくる光が強くなったと考えられる [6]．

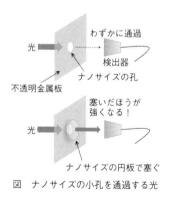

図　ナノサイズの小孔を通過する光

（分子科学研究所　岡本裕巳）

の金ナノロッド構造にプラズモン共鳴波長の光を照射したときに現れる近接場強度の空間分布をFDTD法によって計算した結果である．なお，このようなロッド状の金ナノ微粒子は，縦と横の長さが異なるので，長軸方向のプラズモンの共鳴波長と短軸方向の共鳴波長は異なる．図から明らかなように，きわめて高い強度の近接場が長方形の四隅の1～2 nmの局所空間に現れる．通常，光の波動性から理想的なレンズを用いても光はその波長の半分の大きさにしか

------【最先端研究3】------

プラズモンによるナノ微粒子トラッピング

　光が物質で散乱あるいは吸収されるときに発生する力（放射圧）を利用して微粒子を捕捉し，操作する技術は，細胞やウイルスなどの生物試料や，高分子や液晶などの分子集合体の非接触操作技術，またマイクロメカニクスの駆動技術として広く応用されている．近年，ナノサイエンスの発展に伴い，さまざまなナノ微粒子や分子系などさらに小さい物質のマニピュレーションへの展開が期待されているが，光は数百ナノメートル以下には絞り込めず，またナノ微粒子に作用する放射圧がごく微弱なため，マイクロからナノへの展開には大きな壁があった．

　そこで最近注目されているのがプラズモントラッピングである．金属ナノ構造体に光を照射したときに生成するギャップ局在プラズモン場は，きわめて大きな電場勾配をもつため強力な放射圧を発生し，ナノ微粒子に対しても熱運動を抑制して捕捉し，操作することが可能となる．すなわち，金属ナノ構造で光をナノ空間に捕集，増強し，その捕集した光の力でナノ微粒子を捕集するというアイデアである．図は，単一ナノ微粒子の運動をナノメートルの精度で計測する技術を用いて，金ナノブロックペア構造により高分子ナノ微粒子を捕捉し，熱運動を解析して粒子に作用する放射圧ポテンシャルを観測することに初

絞り込むことができない．これは光の回折限界とよばれるものである．図2.11では，照射した光の波長が1000 nmであるため，理想的なレンズを用いても光は（1000/2）nmの空間にまでしか絞り込むことができない．しかし，プラズモン共鳴を用いれば，照射した光を近接場に変換して数ナノメートルの大きさの空間に閉じ込めることが可能であることを図2.11は示している．さらに，プラズモンを励起するために照射された光は，図2.11のようなナノメート

めて成功した結果である [7]．

　ナノ微粒子が捕捉されるギャップ中心は，微粒子の電気的・光学的機能の発現にも最適な位置であり，電子素子や光デバイスへの応用が可能である．また，溶液中のナノ微粒子1粒を選択的に捕集して計測する技術にも展開でき，超高感度な化学・バイオセンサーとしての応用も期待されている．

図　ナノ微粒子に作用するプラズモン放射圧ポテンシャル [7]
（カラー図は口絵2参照）

（北海道大学電子科学研究所　笹木敬司）

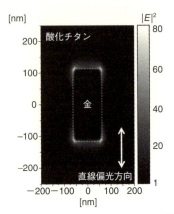

図 2.11 FDTD シミュレーションによる酸化チタン基板上に配置した金ナノロッド構造の近接場強度分布

ルサイズの金ナノロッドであれば 0.1 fs（フェムト秒＝10^{-15} s）程度で通過してしまうが，それによって生じた近接場は，自由電子の集団運動が乱れる（位相緩和）まで存在し続ける．一般的に，金ナノ微粒子の位相緩和時間は 5〜10 fs である．通常の光照射ではナノ空間に滞在できる光の時間は 0.1 fs であるのに対し，光照射によってプラズモンを励起した場合には，光を近接場として金ナノ微粒子に 50〜100 倍程度時間的に長く閉じ込めうることを意味している．すなわち，プラズモン共鳴によって生成する近接場により光を空間的，時間的に閉じ込めることが可能であり，照射した光の数桁倍にも及ぶ光強度をナノ空間に発生させることができる．この現象をプラズモン共鳴による"光電場増強"とよぶ．

2.6 プラズモンの位相緩和

プラズモン共鳴によって誘起された集団的な自由電子の振動運動は，時間とともに乱れてくる．これを"位相緩和"とよぶ．プラズモン共鳴の位相緩和は，プラズモン共鳴によって生じた近接場が失われていくプロセスとも考えることができる．図2.12に示すように，金ナノ微粒子にプラズモン共鳴によって生じた近接場のエネルギーは，おもに光の放射，および金ナノ微粒子の光吸収の2つのプロセスによって減衰していくと考えられている．ここでいう光の放射は光散乱のことであり，プラズモン共鳴を誘起するために入射した光が，いったん近接場にかたちを変えて，ふたたび光として放射されると考えることができる [8]．また，金ナノ微粒子による光吸収に関しては，近接場は金ナノ表面に局在する光であるので，その光によって金ナノ微粒子の自由電子や束縛電子（d電子）が励起されると考えることができる [8]．最近，近接場による電子励起は自由電子のほうが起こりやすいとの理論的な研究が報告され，そのような励起電子はホットエレクトロン（hot electron）とよばれている [9]．このプロセスの詳細は今後，実験的に明らかにされていくであろう．いずれにしても，光吸収によって金ナノ微粒子に励起電

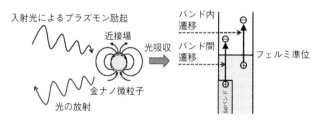

図2.12 金ナノ微粒子に生じた近接場のエネルギーが，光の放射や光吸収（金における電子−正孔対の形成）により減衰する模式図

子と正孔が生じるため,これらを電子と正孔に電荷分離してフリーキャリアを生成させることができれば,電子は還元反応に,正孔は酸化反応に利用することが可能になる.

2.7 プラズモン共鳴の光化学への展開

本節では,プラズモンによる光電場増強がどのように光化学に利用できるかについて述べる.まず,光化学の基礎となる基底状態分子の光吸収はどれほどの確率で生じ,励起状態の分子を生成するのか考えてみよう.この励起確率は分子のもつ吸収断面積というパラメータによって決まる.一般的な分子の吸収断面積は,およそ 1×10^{-15} cm^2 である.これに対して,光化学でよく用いられる紫外〜可視光線の波長(300〜800 nm)の光は,前述のように理想的なレンズを用いても波長の半分ほどのサイズにしか絞り込むことができない.筆者の経験から,市販されている高性能な対物レンズを用いて紫外〜可視光を絞り込んでも,さまざまな条件から実際には波長の半分のサイズに絞り込むことは難しく,約 1 μm 程度に絞り込んで実験することが多い.今,仮にこのような波長の光を 1 μm×1 μm の空間に絞り込んだとすると,光のスポットの断面積は,1×10^{-8} cm^2 となる.この値を先の分子の吸収断面積と比較すると 7 桁も異なる.これは,1 個の光子を完全に吸収するためには,光子の 7 桁倍もの分子,すなわち 1000 万個の分子を 1 μm×1 μm の空間に配置しなければならないということを意味している.これから明らかなように,元来,光と物質との相互作用は弱く,光子によって分子が光励起される確率は非常に小さいのである.

したがって,一般的な溶液や固体の光化学反応において,入射した光を逃さずに光反応に用いるためには,光が進む方向に分子を数

多く配置する，すなわち光路長を長くとって入射する光を多数の分子と相互作用させて吸収させなければならない．一方，単純な金ナノ微粒子にプラズモン共鳴を誘起する光を照射した場合でも，レンズで絞った光よりも約 10^2 倍にも及ぶ光強度を有する近接場が生じる．その近傍に分子を配置すれば，通常の光反応の約 10^2 倍の確率で分子を励起できることになる．さらに，金ナノ微粒子の配置を工夫した金ナノ構造体を用いれば，そのプラズモン光電場増強により入射光強度の約 10^6 倍以上になる近接場強度を実現することも可能である．これは，レーザーに比べて光強度が弱い水銀灯やキセノンランプなどの光源を用いても，近接場近傍に存在する分子はレーザー光を照射されたのと同じような光電場を感じて高い確率で励起されることになる．つまり，金ナノ微粒子構造体は光をナノ空間に濃縮し，少ない分子数であっても入射光を逃さず有効に励起する光反応場となるのである．

また，前節で述べたようにプラズモンの位相緩和に伴って金ナノ微粒子に励起電子と正孔が生成する．これらの電子と正孔を電荷分離してフリーキャリアとすることができれば，プラズモンを励起する可視光や近赤外光によって酸化還元反応を駆動することができる．

次章以降，より強く光を閉じ込めることのできる金ナノ微粒子構造や，電荷分離を可能にする構造，およびその作製法，さらには実際にそれらを光反応場として用いた研究について概説する．

第3章 金ナノ構造体の作製方法

本章では,プラズモン共鳴を示す金属ナノ微粒子や,金属ナノ構造体の作製方法について概説する.プラズモン共鳴による光電場増強度は,金に比べて銀のほうが大きいが,銀は空気中の酸素との酸化反応のみならず,空気中の微量な硫化物と表面反応を起こすため,安定なプラズモン共鳴を長時間(数日間)維持することが困難である.前章でも述べたように,近年のプラズモン共鳴を利用した研究においては,化学的に安定な金ナノ微粒子・ナノ構造体が広く用いられている.ここでは金ナノ微粒子や,金ナノ構造体の作製方法について述べることにする.金ナノ微粒子は,化学的な合成法を用いてボトムアップ的に作製される.一方,金ナノ構造体は,電子ビーム(electron beam:EB)リソグラフィや,蒸着法・スパッタリングなどの金薄膜を成膜する手法など,トップダウン的方法論とよばれる半導体微細加工技術を駆使して作製される.ここでは,ボトムアップ,およびトップダウンのそれぞれの方法を紹介する.

3.1 化学的合成法による金属ナノ微粒子の作製

3.1.1 球形金ナノ微粒子

第1章で述べたように,塩化金酸をガラスに混合して溶融すると発色することが古くから知られていた.また,金は王水に溶けるこ

とも知られていた．王水は濃塩酸と濃硝酸とを3：1の体積比で混合してできる橙赤色の液体で，酸化力が強く，通常の酸には溶けない金や白金も溶解させることができる．濃塩酸と濃硝酸を混合すると，以下の化学反応式に従って塩化ニトロシルと塩素と水が生成する．

$$3\,HCl + HNO_3 \longrightarrow NOCl + Cl_2 + 2\,H_2O$$

この王水が金と反応すると，以下の化学反応式に示すように，金はハロゲン化物イオンである塩化物イオンと錯形成し，3価の金のクロリド錯体，いわゆる塩化金酸（テトラクロリド金(III)酸）となる．

$$Au + NOCl + Cl_2 + HCl \longrightarrow H[AuCl_4] + NO$$

塩化金酸は，通常は四水和物（$H[AuCl_4]\cdot 4\,H_2O$）として存在し，析出・結晶化させることもできるし，テトラクロリド金(III)酸イオン（$[AuCl_4]^-$）として水に溶解させることも可能である．金赤ガラスは，塩化金酸をガラスに混合して1000℃以上の高温下で溶融させることによって，3価の金イオンが熱還元され，数〜数十ナノメートル程度のサイズの金ナノ微粒子となってガラス中に分散したものである．高温炉内の酸素濃度を調整することによって，還元反応の速度を低下させ，粒子径を小さくすることが可能である．

水溶液を用いた金ナノ微粒子の合成に関しては，1857年にM. Faradayによって報告されている［10］．Faradayは，テトラクロリド金(III)酸イオンが溶解した溶液に，リンの二硫化炭素溶液を数滴加えることにより3価の金イオンを還元し，金ナノ微粒子を溶液中に分散させることに成功した．論文では二硫化炭素やリンが過剰に入った場合には，金が凝集して沈降すること，また懸濁液に他

の不純物が混入している場合は，金ナノ微粒子分散液がうまく調製できないことが述べられており，金ナノ微粒子の合成は，金ナノ微粒子の分散・凝集制御が鍵となることが示されている．

20世紀に入って，J. Turkevichらが1951年に水に塩化金酸とクエン酸ナトリウムとを少量溶解させて加熱すると，安定した金ナノ微粒子の分散液が得られることを明らかにした［11］．また，1973年にはG. Frensが，用いるクエン酸ナトリウムと塩化金酸のモル比によって粒子径を16〜147 nmの広い範囲で制御できることを示した［12］．これらの研究では，クエン酸イオンが還元剤としてだけではなく，分散安定剤として作用して金ナノ微粒子の分散安定性を向上させている．これは，金ナノ微粒子表面にクエン酸イオンが吸着することにより微粒子表面がマイナスの電荷を帯びるため，その静電的相互作用に基づいて金ナノ微粒子どうしが反発するためである．このようなクエン酸を還元剤・安定剤として用いる金ナノ微粒子の合成方法は，現在でも広く利用されている．

分散安定剤となるクエン酸は金ナノ微粒子表面に静電的に吸着しているだけなので，合成に用いるクエン酸ナトリウムや，塩化金酸の濃度によっては分散安定性を向上させる保護層として機能しない場合もある．一方，金ナノ微粒子表面にアルカンチオールなどの分子を化学結合させて安定化を図る研究も行われている．図3.1(a)に，ブタンチオールを表面修飾した金ナノ微粒子の略図を示す．アルカンチオールと金の結合はチオール基の硫黄（S）が金（Au）と配位結合することによって形成される．アルカンチオールの鎖長を長くすれば（たとえばブタンチオールからオクタンチオールへなど），金ナノ微粒子表面の疎水性が増大し，分散性の制御が可能になる．また，アルカンチオールの鎖長を変化させると，図3.1(b)に示すように密にパッキングした金ナノ微粒子の粒子間距離もサブ

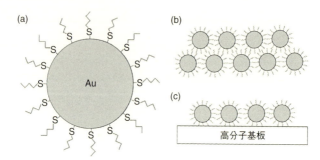

図 3.1　金ナノ微粒子の略図
（a）ブタンチオールが表面修飾．（b）密にパッキング．（c）疎水性相互作用により高分子基板表面に吸着．

ナノメートルの空間分解能で制御することが可能になる．さらに，図 3.1(c) に示すように，疎水性相互作用を利用することにより高分子基板などへの吸着も可能になり，これらの原理が化学センサーなどに応用されている [13]．

3.1.2　ロッド状金ナノ微粒子

ロッド状金ナノ微粒子（金ナノロッド）は，界面活性剤からなる分子集合体を反応場として用いてシード法により合成される．シード法とは，まず結晶核（種粒子）を生成させ，それを反応場において成長させて合成する方法論である．結晶核は，平均粒径が 2 nm 以下の金クラスター構造であり，クエン酸や界面活性剤となる分子の存在下，塩化金酸を還元剤（たとえば $NaBH_4$ など）で還元することにより生成させる．図 3.2(a) に界面活性剤の分子集合体からなる反応場を示す．界面活性剤の水溶液において，界面活性剤として用いる分子の濃度がある濃度（臨界ミセル濃度）を超えると，界面活性剤分子が凝集して図のようなミセルとよばれる球状の界面活

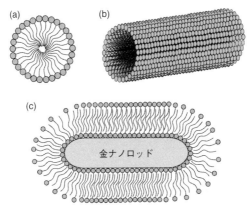

図 3.2 (a) 界面活性剤の分子集合体（ミセル），(b) 棒状ミセル，(c) 金ナノロッド表面に吸着した二分子膜の略図

性剤からなる分子の集合体を形成する．ミセルは，水溶液中において疎水基を内側に，親水基を外側に向けた分子集合体である．界面活性剤の濃度が臨界ミセル濃度に比べて数十倍高くなるとミセルの形状が変化し，図 3.2(b) に示すような棒状になる．金ナノロッドの合成には，臭化ヘキサデシルトリメチルアンモニウム（HTAB，臭化セチルトリメチルアンモニウムともよばれることから CTAB と略されるケースが多い）を界面活性剤として用いることがしばしばある．CTAB は特定の結晶面に吸着するため，ロッド形状のナノ粒子を形成するために不可欠な界面活性剤であり，窒素部位が金表面に吸着することから，図 3.2(c) に示すように二分子膜構造を形成する．微量の銀イオン（Ag^+）存在下，超音波を照射しながら Au アノード–白金（Pt）カソード間に 5 mA の電流を流して，金を 1 次元成長させ，さまざまなアスペクト比の金ナノロッドの合成に成功したとの報告もある [14]．ほかにも紫外線照射やアスコルビ

ン酸などの弱い還元剤を用いて還元し,金や銀のナノロッドを合成する方法などが報告されている [15]. この合成法の興味深い点は,ナノロッドの生成には界面活性剤の棒状ミセルが必要であるが,実際に合成されるロッドの幅や長さはミセルのサイズよりも大きく,棒状ミセルが直接ナノロッドの鋳型になっているわけではない点である. これは,配向した界面活性剤の分子が成長初期のナノ微粒子表面に速やかに吸着し,ロッドへの結晶成長を誘導しているためと考えられている.

【最先端研究4】

形状制御された金ナノ微粒子の合成法

金ナノ微粒子は,可視–近赤外領域で局在表面プラズモン共鳴波長をもち,大きなモル吸光係数と大きな光電場増強度を示すため,プラズモン化学において中心的な研究対象になっている. 金ナノ微粒子のプラズモン共鳴波長や光電場増強度は,その形状で大きく変化するため,精密な形状制御法が開発されている. ナノ微粒子の形状制御の原理は,特定の結晶面のみを選択的に成長させることである. たとえば,微細な球状金ナノ微粒子の水溶液に金(III) イオンと還元剤を入れ金ナノ微粒子を成長させるときに,還元剤濃度が低いと金ナノ微粒子はゆるやかに成長するため,熱力学的に安定な{111}面で囲まれた正八面体が生成する. 還元剤濃度が増加すると,金原子が{111}面に選択的に析出するようになり,{111}面の選択的成長により{100}面の割合が増加する. その結果,金ナノ微粒子形状は正八面体→切頂八面体→立方八面体→切頂立方体→立方体→三方八面体と変化する(図). また,金ナノ微粒子を保護する界面活性剤の鋳型効果を利用すると,より異方的なロッド状金ナノ微粒子なども容易に合成できる [16].

3.1.3 さまざまな形状の金属ナノ微粒子の作製

金を複合体の一部として利用したナノ構造も合成されている．金ナノシェル構造もその一つであるが，その構造は図3.3(a)に示す

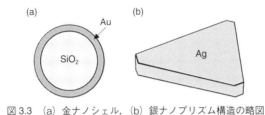

図3.3 (a) 金ナノシェル，(b) 銀ナノプリズム構造の略図

図 形状制御された金ナノ微粒子

(京都大学化学研究所　寺西利治)

ように，コアとなる球形ナノシリカ微粒子が，シェルとなる薄い金でコートされている．シリカコア粒子の大きさや金の厚みによってプラズモン共鳴波長を制御することが可能である．ナノシリカ粒子の表面に金ナノ微粒子を析出させることにより，ナノシェル構造を作製することが可能になる［17］．

また，三角柱形状をした金ナノプリズムの合成も報告されている．C. A. Mirkin らは，クエン酸で保護した球状の銀ナノ微粒子を結晶核としてシード法を利用することにより，1 辺 100 nm のプリ

【最先端研究 5】

3 次元金属-無機ハイブリッド構造体の作製

ナノメートルスケールの金属微粒子が誘電媒質中に配列した構造体は，局在表面プラズモン共鳴に基づくさまざまな光機能デバイスへの応用が期待されている．光機能デバイスの性能は金属ナノ構造体が示す LSPR 特性に依存し，金属ナノ構造体の形状や配列によって決定される．制御された構造を有する金属ナノ構造体を効率的に形成するうえで，自己組織化的に規則構造を形成可能な素材の適用が有効な手法とされる．自己組織化的に形成される規則構造材料の典型として陽極酸化ポーラスアルミナが挙げられる（図 1）．陽極酸化ポーラスアルミナは，アルミニウムを酸性電解浴中にて陽極酸化することで形成される規則多孔性材料であり，細孔が大面積にわたり規則配列したナノポーラス構造を容易に形成できるという特徴がある．陽極酸化ポーラスアルミナは，直行する均一細孔を有することから，テンプレートとすることで，形状が制御された金属ナノ構造体の規則配列を容易に形成することが可能となる．図 2 に陽極酸化プロセスに基づいて形成された 3 次元金ナノ微粒子-ポーラスアルミナハイブリッド構造体の電子顕微鏡像を示す［18］．アルミニウムの陽極酸化と金の電析を交互に繰り返すことで，ポーラスアルミナのナノ細孔中に金ナノ微粒

ズム形状をした銀ナノ微粒子を合成することに成功した．Mirkinらは，安定剤としてビス(p-スルホナトフェニル)フェニルホスフィン二カリウムを加えて，蛍光灯（40 W）を70時間と長時間照射することにより，ナノプリズムが生成することを示した［19］．さらに，本報告の後に，硝酸銀，クエン酸，過酸化水素，ポリビニルピロリドン混合水溶液に還元剤である $NaBH_4$ を添加して撹拌することによっても銀ナノプリズム（図3.3(b)）が数十分程度と短時間で生成することを明らかにしている［20］．

子が3次元的に規則配列した構造体が得られている．このようなハイブリッド構造体は，金粒子間に形成される微細なギャップにより効率的な光電場増強が可能となることから，表面増強ラマン散乱測定などへの応用が期待されている．

図1　陽極酸化ポーラスアルミナ

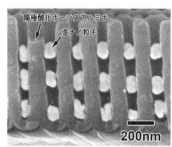

図2　金ナノ微粒子-ポーラスアルミナハイブリッド構造体［18］

（首都大学東京都市環境学部　益田秀樹・近藤敏彰）

3.2　電子ビームリソグラフィによる金ナノ構造体の作製

　半導体集積回路や，モーターおよび駆動系などの機構を組み込み集積化した超小型の電気機械システム（micro electro mechanical system：MEMS）の研究開発に利用されてきた半導体微細加工技術を用いてトップダウン的に金ナノ構造を作製する方法論も広く利用されている．可視波長域にプラズモン共鳴を示す数十〜100 nm サイズの金や銀のナノ構造体を微細加工により作製する場合，半導体加工において一般的に利用されている水銀灯を光源として用いる（波長 365 nm，405 nm，436 nm の光が利用される）フォトリソグラフィによって作製することは困難である．これは，光を絞り込んだときに光がもつ波の性質により回折が起きるため，波長の半分以下の小さい空間に光を絞り込むことができない，いわゆる回折限界が存在するためである．そのような水銀灯から取り出した光よりはるかに小さいサイズの 100 nm 以下のパターンを高解像度で作製するためには，ド・ブロイ波長（de Broglie wavelength）の短い電子ビームを用いた露光が適している．

　電子も光と同様に波としての性質を有しており，電子がもつ運動量が大きければ大きいほど，ド・ブロイ波長は短くなることが L. de Broglie によって示されている（運動量とド・ブロイ波長は反比例の関係にある）．つまり，電子を加速すればするほど電子のド・ブロイ波長は短くなるのである．電子を加速させて集束させる原理は，テレビのブラウン管や，また電子顕微鏡の電子銃に利用されている．カソード（陰極）とアノード（陽極）の間に高電圧を印加することによりカソードから放出された電子を加速させると，電子の集束ビームをつくることができる．とくに，走査型電子顕微鏡は，集束電子ビームを試料に走査し，反射電子や試料から放出される電

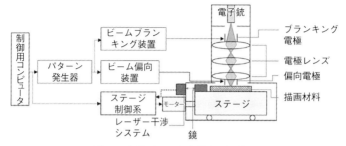

図 3.4　電子ビーム露光装置の概略図

子（二次電子）を検出することにより像を取得する装置であり，電子ビーム露光装置開発の基礎となった．100 kV 程度の加速電圧によって集束された電子ビームは，数ナノメートル程度のビーム径となる．図3.4に電子ビーム露光装置の構成を示す．加速された電子ビームのオン・オフを行うブランキング装置，および描画パターンをブランキング装置やビーム偏向装置に送るパターン発生器，およびそれらを制御するコンピュータなどから構成される．なお，ビーム偏向装置は，電界や磁界を用いて電子ビームの偏向を高精度に制御する装置で，電子ビームを走査するために必要となる．

さて，この電子ビーム露光装置によってナノパターンを形成するためには，レジストとよばれるカメラのフィルムに相当するものが必要となる．基板上に金ナノ構造を作製する場合は，ポリメタクリル酸メチル（PMMA）や，日本ゼオン（株）が販売している ZEP 520A などのポジ型電子ビーム露光用レジストが一般的に用いられている．PMMA はアクリル樹脂の一つで，透明な固体材料であることからアクリルガラスとよばれている．PMMA の構造式を図 3.5(a) に示す．一方，ZEP520A は，図 3.5(b) の構造式に示すように α-クロロアクリル酸メチルと α-メチルスチレンの交互共重合

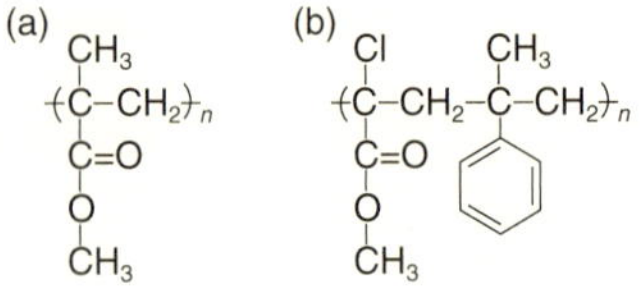

図 3.5 (a) PMMA の構造式，(b) ZEP520A の構造式

体で，PMMA と同等の分解能を有しつつ，より低いドーズ量（単位面積あたりの電子の注入量）で高分子の主鎖を切断可能であることから，広く利用されている．

【最先端研究 6】

伝搬型プラズモンを用いたバイオセンシング

近年，小型で高感度・迅速検出を実現する免疫センサーの開発が進められている [21]．W. Knoll らは，伝搬型の表面プラズモン共鳴（SPR）による光電場増強を利用し，数十倍に増強された蛍光を検出する"伝搬型の表面プラズモン励起増強蛍光（SPF）法"のバイオへの応用を先駆的に進め，発展させた [21]．筆者らのグループでは SPF 法において，波長オーダーの周期構造に金属薄膜をコーティングしたプラズモニックチップを光電場増強を提供する基板として開発してきた．SPR を原理とする"ビアコア"（GE 社）に使われているプリズムが不要で，光を基板に直接結合して増強蛍光を与えるため，装置が小型化できる．これによるバイオセンシングを紹介する．銀と酸化亜鉛（ZnO）を成膜したプラズモニックチップに，ZnO に特異的に結合する抗 ZnO×抗上皮増殖因子受容体（epidermal growth factor receptor：EGFR）二重特異性抗体を固定化した．その後加えた蛍光標識 EGFR の蛍光強度を計測すると，ZnO 成膜ガラス上の同アッセイと比べて 300 倍大きく，700 fmol L^{-1} の EGFR が検出できた．血液検査などの臨床応用には，マーカーを蛍光標識せずサンドイッ

電子ビームレジストは，スピンコートによって基板上に成膜される．成膜したレジストのフィルムに，あらかじめCAD（コンピュータ利用設計）ソフトウエアにより設計した描画パターンに従って電子ビームを照射すると，照射した部分において高分子主鎖の切断に基づいて化学的改質が誘起され，ポジ型電子ビームレジストでは照射部分が現像液に溶解するようになる．この方法を用いることにより，高い加工分解能で金属ナノ構造体を作製することが可能になる．図3.6に，電子ビームリソグラフィによる金属ナノ構造体作製プロセスの概略を示す［22］．ガラス基板を洗浄後，基板上にポジ

チアッセイで蛍光標識検出抗体を用いて計測する必要がある．銀とシリカを成膜したプラズモニックチップ上でのサンドイッチアッセイでは，炎症性サイトカインのインターロイキン-6について，80 fmolL^{-1}の検出に成功した［23］．今後，チップのマルチアレイ化によるハイスループット計測にも期待できる．

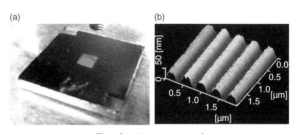

図　プラズモニックチップ
(a) プラズモニックチップの写真．(b) 金属をコートした周期構造の原子間力顕微鏡像．（カラー図は口絵3参照）

（関西学院大学理工学部　田和圭子）

第3章 金ナノ構造体の作製方法

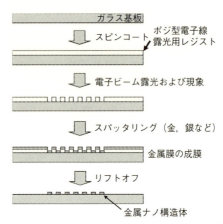

図 3.6 電子ビームリソグラフィによる金属ナノ構造体作製プロセスの略図

型電子ビームレジスト（ZEP520A）を膜厚が 150～200 nm となるようにスピンコートする．スピンコート後，高い加速電圧（100～130 kV）を有する電子ビーム露光装置により合目的的なパターン描画を行い，レジスト専用の現像液・リンス液により現像，およびリンスを行う．現像・リンス後，スパッタリングにより基板上に金属薄膜を成膜し，最後に金属薄膜下部のレジスト層をレジストリムーバー溶液（レジストを溶かす有機溶媒）によって除去するリフトオフとよばれる方法を用いて金属ナノ構造体を得る．構造体の金属の厚みの制御は，スパッタリング時間を制御することにより行うことができる．また，一般にガラス基板上に成膜された金や銀の密着性は高くないことから，あらかじめ接着層としてクロム（Cr）またはチタン（Ti）を 1～2 nm 程度スパッタリングした後に金などを成膜すると基板との密着性が向上し，機械的に強い金属ナノ構造の作製が可能となる．

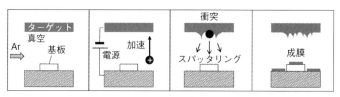

図3.7 スパッタリングプロセスの概略図

なお,スパッタリングとは,図3.7に示すように真空チャンバー内にアルゴン(Ar)などの貴ガスを導入し,高電圧を印加する(直流電圧を印加する方式,交流電圧を印加する方式,それぞれがある)ことによってアルゴンをプラズマ化させ,チャンバー内の金属ターゲットにプラズマ化によって生じたアルゴンイオンを衝突させ,ターゲットから弾き飛ばされた金属原子やクラスターをターゲットと対向させて配置した基板上に積もらせて成膜する方法である.

第4章

金ナノ微粒子を光反応場として用いたプラズモン誘起光化学反応

今日，われわれの生活のなかで広く利用されている太陽電池などのエネルギー変換素子，光触媒，光メモリー，光センシング技術を用いた各種バイオセンサーなどの技術は，光化学研究の発展によって生み出されたといっても過言ではない．こうした光化学の研究は20世紀後半に，量子力学や機能性材料の研究の深化とともに進展を遂げた．最近ではこれらの光デバイスやシステムを駆動する"光"をより高い効率で利用することが可能な光化学反応場の実現に大きな関心が寄せられている．

第1章でも述べたとおり，通常の光と分子との相互作用は元来小さいため，少ない分子数で光を確実に吸収することは難しい．少ない物質量でも効率良く光を吸収することによって光反応を誘起する反応場の構築は，グリーンケミストリーの観点からも重要となる．これを実現するためには，光そのものを精密に操作し分子系と結合させることが可能な新しい光反応場を設計・構築することが必要不可欠である．近年，金属ナノ微粒子が示すプラズモン共鳴を利用して光を時間的，空間的に金属ナノ微粒子の局所空間に閉じ込め，その空間近傍に分子を配置することにより効率良く分子を励起する新しい光化学反応場の研究が進められている．このような入射した光を増強する機能を有する光反応場においては，分子を励起するのに必要な光エネルギーよりも小さなエネルギーしかもたない光子を2

個同時に分子と相互作用させることも可能となり，通常は，レーザーなどの光強度の高い光源を用いて初めて観測される同時二光子吸収が誘起されることも示されている．

本章においては，金ナノ構造体を光反応場として用いたプラズモン誘起光化学反応について，同時二光子吸収による有機分子のフォトクロミック反応や，光重合反応について述べるとともに，ナノ光リソグラフィへの応用を紹介する．

4.1 同時二光子吸収と通常光源によりそれを可能にする光反応場

図 4.1 に示すように，一般的な光化学反応においては，基底状態の分子を励起状態に励起するために，その分子の基底状態と励起状態のエネルギー差以上のエネルギーを有する光を照射し，反応を誘起する．このような光反応は，1 個の光子によって分子を励起し，光化学反応を起こさせるので一光子反応とよばれる．一方，分子の

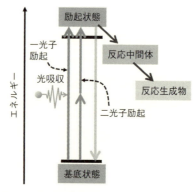

図 4.1　光化学反応のエネルギーダイアグラム

基底状態と励起状態のエネルギー差よりも小さなエネルギーを有する光子を2個同時に分子と相互作用させて励起する同時二光子吸収も，レーザーなどの光強度の高い光源を用いれば可能になる．

この同時二光子吸収に関しては，1931年にM. Göppert-Mayerによってその存在が初めて理論的に予測されたが，当時は光強度の弱い水銀灯などの光源しかなく，その検証はレーザーが発明される1960年以降まで待たなければならなかった［24］．発明の翌年，1961年にはレーザーを用いて同時二光子吸収による発光が観測され，初めて実験的に検証された．入射したレーザー光の強度に対して$CaF_2：Eu^{2+}$（フッ化カルシウム（蛍石）結晶にドープされた2価のユウロピウムイオン）の蛍光強度をプロットすると，蛍光強度は励起光強度の2乗に比例することが示され，2個の光子により$CaF_2：Eu^{2+}$が励起され蛍光が観測されたことが証明された［25］．このようにレーザービームを集光して単位面積あたりの光子数，すなわち光子密度を高くすれば同時二光子吸収は可能となる．

一方，水銀灯やハロゲンランプなどの光子密度の低い光源を用いても，光源より放射される光を十分濃縮して分子と相互作用させれば，二光子吸収は理論上可能になる．しかし，通常のレンズなどの集光光学系を用いても二光子吸収を観測できるような光子密度を達成することは難しい．近年，プラズモン共鳴を用いて入射光をナノ空間に濃縮することにより，より高い光電場増強が可能となる金ナノ構造体を光反応場として用いれば，ハロゲンランプなどの光源を用いても同時二光子吸収が可能になるとの研究が報告されている．まず，その設計・作製について説明する．

金ナノ構造体による光電場増強効果は，構造のサイズや形状だけではなく，構造体間の距離や，その配列にも大きく影響される．たとえば，2つの構造体が近接すると，それぞれのプラズモン共鳴に

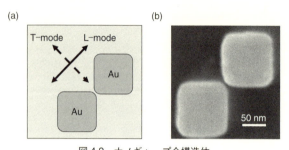

図 4.2　ナノギャップ金構造体
(a) 設計略図，(b) 構造体の電子顕微鏡写真（設計ギャップ幅：3.5 nm）

よって生じた双極子（プラスとマイナス）が相互作用する電磁的相互作用が誘起される（双極子-双極子相互作用）．このような相互作用は，それぞれの金ナノ構造体のプラズモンや近接場が相互作用するということでもあるので，プラズモンカップリング，または近接場相互作用ともよばれている．2つの金ナノ構造体が近接することによって生じるナノギャップでの光電場増強は，単純な金ナノ微粒子のそれよりもはるかに大きくなる．

　図 4.2(a) に，ナノギャップを挟んで金ナノブロック構造体を対角線上に配列したナノギャップ金二量体構造の設計略図を示す．図 4.2(b) はその設計に基づいて 1 辺 100 nm，厚さ 40 nm の金ナノブロック構造を対角線上にギャップ幅 3.5 nm の設計で配列させたナノギャップ金二量体構造の電子顕微鏡像である．なお，ギャップ幅は，近接する構造の端から端までの距離と定義されている．電子ビーム露光，および現像プロセスにより，設計した構造に比べて構造端は若干丸くなっているが，ギャップ幅が 3 nm 程度のナノギャップ金構造が基板上に作製されていることがわかる．図 4.3 は，種々のギャップ幅におけるナノギャップ金二量体構造のエクスティンクションスペクトルである．なお，図 4.3 のエクスティンクショ

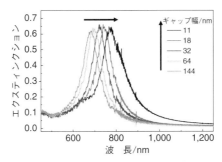

図 4.3 さまざまなギャップ幅におけるナノギャップ金二量体構造のエクスティンクションスペクトル

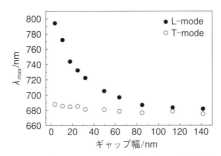

図 4.4 L-mode および T-mode におけるプラズモン共鳴波長のギャップ幅依存性

ンスペクトルは，測定に用いた直線偏光が金二量体構造に対して平行な L-mode のスペクトルである（図 4.2(a) 参照）．図 4.3 から明らかなように，ギャップ幅の減少に伴ってエクスティンクションスペクトルが徐々に長波長シフトしている．そこで，L-mode および T-mode におけるエクスティンクションスペクトルの極大波長をギャップ幅に対してプロットした（図 4.4）ところ，T-mode においては，ギャップ幅の変化に対してプラズモン共鳴波長はほとんど変化しないのに対して，L-mode ではギャップ幅の減少に伴い，顕

著な共鳴波長の長波長シフトが観測されている．これは入射した直線偏光が金二量体構造に対して平行な場合は，ギャップ幅が小さいほど大きな双極子–双極子相互作用が誘起され，プラズモン共鳴スペクトルの波長シフトが観測されたことを示唆している [26]．すなわち，より小さなギャップを有するナノギャップ金構造において，より大きな光電場増強が可能であることを示している．また，FDTD 法を用いたシミュレーションによっても，ギャップ幅が 3 nm 程度のナノギャップ金構造体ではギャップ近傍の空間において入射光の約 10^5 倍の光電場増強が可能なことが明らかとなっている．

4.2 プラズモン誘起同時二光子吸収によるフォトクロミック反応

ナノギャップ金構造体を光反応場として観測された同時二光子反応の例として，フォトクロミック分子を用いた系を紹介しよう．

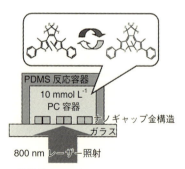

図 4.5　金属ナノ構造体上の二光子フォトクロミック反応を溶液中で測定するための実験システムの略図

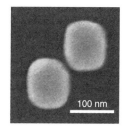

図 4.6 ナノギャップ金二量体構造の電子顕微鏡写真
1つの構造サイズ：100 nm×100 nm×40 nm，ギャップ幅：6 nm．

フォトクロミック反応を示す分子としては，図 4.5 に示すジアリールエテン誘導体が選択された．ジアリールエテン誘導体は閉環体，開環体ともに熱的に安定な分子として知られている．ナノギャップ金構造体を用いてジアリールエテンの閉環体の二光子吸収を誘起し，開環体に変化させるフォトクロミック反応が行われた．図 4.5 に，実験システムの概略図を示す．図 4.6 の電子顕微鏡像に示したナノギャップ金二量体構造（1つの構造サイズ：100 nm×100 nm×40 nm，ギャップ幅：6 nm）上にポリジメチルシロキサン（PDMS）を用いて直径 30 μm，高さ 45 μm の反応容器を作製・配置し，ジアリールエテン誘導体（1,2-ビス(2,4-ジメチル-5-フェニル-3-チエニル)-3,3,4,4,5,5-ヘキサフルオロ-1-シクロペンテン，10 mmol L^{-1}）の炭酸プロピレン（PC）溶液がこの反応容器内に注入されている．図 4.5 に示すように，フェムト秒レーザー光（波長：800 nm，パルス幅：100 fs，繰返し周波数：82 MHz）をこの溶液に照射してジアリールエテン誘導体の二光子開環反応を誘起し，吸収スペクトル計測から開環反応の進行を検出した．

図 4.7 は，入射レーザー光強度 9.0 MW cm^{-2} におけるジアリールエテン誘導体の閉環体の吸収スペクトルの時間変化である．波長

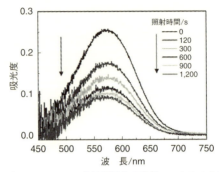

図 4.7　ジアリールエテン分子閉環体の吸収スペクトルの時間変化
入射レーザー光のピーク強度は 9.0 MW cm^{-2}.

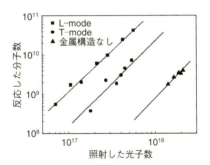

図 4.8　金属ナノ構造に相互作用した光子数に対する反応した分子数のプロット
構造がない場合は入射光子数に対する反応分子数.

570 nm に極大を有するジアリールエテン誘導体の閉環体の吸収スペクトルは，光照射時間の増加とともに減少する．また，反応容器内に存在する金二量体構造の面積からこの構造体と相互作用した光子数（構造がない場合は入射光子数）を算出し，それに対する反応した分子数を図 4.8（図の軸は対数表記）に示す．入射した直線偏光が金二量体構造に対して平行（L-mode）な条件，垂直（T-

mode）な条件，および構造がない条件のいずれにおいても反応した分子数は光子数に対して2次の非線形応答を示し，ジアリールエテンの閉環体の同時二光子吸収によるフォトクロミック反応が誘起され，開環体がナノギャップ構造の存在下で効率的に生成していることが示された．なお，本実験系における反応の増強率は100倍を超えると見積もられた．また，図4.8のプラズモン共鳴のL-modeを励起した場合と，T-modeを励起した場合で観測される光反応分子数の差は，ナノギャップにおいて同時二光子吸収によって反応した分子数の差に対応している [27]．

4.3 プラズモン誘起同時二光子吸収による光重合反応

　前節で示したナノギャップ金構造によるプラズモン誘起同時二光子フォトクロミック反応では，直線偏光の向きを構造体に対して平行，および垂直と90°回転させて照射することにより，ナノギャップで二光子反応が誘起されたかを判断することが可能であった．しかし，ナノギャップにおける二光子反応そのものを可視化することはできてはない．ナノギャップにおける二光子反応を可視化するためには光重合反応が有効であると考えられる．ネガ型レジスト材料を用いた光重合反応では，レジストに含まれる反応開始剤の光化学反応により単量体の架橋反応が進行し，現像液に不溶化する架橋高分子が形成される．ナノギャップ金構造体を光反応場として用い，ネガ型レジスト材料の二光子重合反応を誘起することによって架橋高分子を構造体近傍に生成させ，それを電子顕微鏡などによって観測できれば光電場増強度の高いナノ空間を可視化することが可能になる．

　このような発想により，ナノギャップ金ナノ構造体を光反応場と

して用いた二光子重合反応に関する研究が進められた.ネガ型フォトレジストとしては,マイクロマシン研究などで広く利用されているSU-8（Microchem社）が用いられた.まず,SU-8をナノギャップ金構造体（ギャップ幅：6 nm）上にスピンコートし,フェムト秒レーザー光（波長：800 nm,パルス幅：100 fs,繰返し周波数：82 MHz),または波長600～900 nmのハロゲン光を任意の光強度・時間照射することにより二光子重合反応を誘起されることが試みられた.SU-8に含まれる光重合開始剤の吸収帯は波長400 nm以下の紫外領域にのみ存在するため,本実験に使用した可視-近赤外の波長の光照射によって光反応が生起すれば,二光子重合反応によるものと判断できる.また,光照射後,基板を専用現像液に浸漬させて架橋反応の生じていない部分を除去することにより,二光子重合反応が誘起された空間を走査型電子顕微鏡による観察から明らかにすることが可能になる.

図4.9(a)は,フェムト秒レーザー光（$2.1\ \mathrm{kW\ cm^{-2}}$）をナノギャップ金構造体上に0.01秒間照射した後,現像した基板の電子顕微鏡像である.なお,照射したレーザー光の直線偏光は,金二量体構造に対して平行である.この顕微鏡像から,ナノギャップ領域に局所的に二光子重合反応が誘起されたことがわかる.一方,直線偏光の向きを金二量体構造に対して垂直にし,10秒間照射した場合（図4.9(c)）は,構造端において数十ナノメートルのサイズの重合体が観測されている.FDTD法によりナノギャップ金構造体の光電場強度分布をシミュレーションしたところ,図4.9(b)や(d)に示すように,照射する直線偏光の向きが金二量体構造に対して平行の場合はギャップにおいて照射光強度の約10^4倍程度の増強が,垂直の場合は構造端において10^2倍弱程度の増強が誘起されることが示され,増強された近接場が,レジストに含まれている反応開始

4.3 プラズモン誘起同時二光子吸収による光重合反応　57

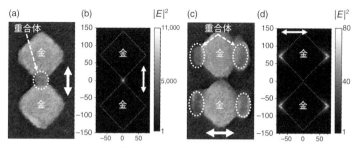

図 4.9　レジストのパターン
(a) ナノギャップ領域に形成したレジストのナノパターン（光照射 0.01 s），
(b) 二量体構造に対して平行な偏光条件の FDTD による電場強度シミュレーション結果，
(c) 金ナノブロック構造の両端に形成したレジストの空間パターン（光照射 10 s），
(d) 二量体構造に対して垂直な偏光条件の FDTD による電場強度シミュレーション結果．
図中の両矢印は偏光方向．

剤の二光子励起を誘起し，光重合反応が促進されたと考えられている．これらの結果は，光反応場として用いたナノギャップ金構造体における光電場強度分布に従って，ナノ空間に選択的な二光子重合反応が誘起されることを示している [28]．

このような光をナノ空間に閉じ込めることが可能なナノギャップ金構造を光化学反応場として用いれば，水銀灯やハロゲンランプなどの光強度がレーザーに比べて微弱な光源を用いても二光子重合反応を実現できるものと予想される．以下に，ハロゲンランプを光源として用いた二光子重合反応の研究を示す．図 4.10 に反応場として用いたナノギャップ金周期構造のエクスティンクションスペクトルと，本研究で照射された光のスペクトルを示す．なお，ハロゲンランプは放射される光が高圧水銀灯のように特定の波長の輝線スペ

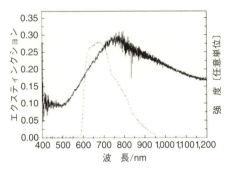

図 4.10 ナノギャップ金周期構造のエクスティンクションスペクトル（実線），および実験に使用したハロゲン光のスペクトル（破線）

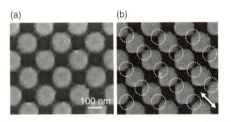

図 4.11 ナノ周期構造のナノギャップ中に形成した重合体の電子顕微鏡写真
（a）無偏光照射条件，（b）偏光照射条件．＊図中矢印：偏光方向．

クトルとはなっておらず，さまざまな波長の光が連続して放射される連続光源であるため，2種類の波長のカットフィルターを用いることによって波長600～900 nmの光を選択的に取り出し試料に照射している．図 4.11(a) は，ネガ型フォトレジストをコートしたナノギャップ金周期構造（ギャップ幅6 nm）に，波長600～900 nmの光（約 1 W cm^{-2}）を3時間照射して，現像後に電子顕微鏡観察を行った結果である．この結果から，すべてのナノギャップ中において光重合反応が誘起されていることが明らかとなった．ま

た,照射する光を偏光子を用いて直線偏光とし,図 4.11(b) 中の矢印の向きの直線偏光を基板に 3 時間照射した.この試料を現像した後,電子顕微鏡観察を行った結果が図 4.11(b) である.図 4.11(b) の電子顕微鏡像は,照射した直線偏光の向きに沿ったナノギャップ中にのみ二光子重合反応が誘起されることを示している.金ナノ構造のないガラス基板上や,ナノギャップ以外の金ナノ構造近傍では重合反応が進行していないこと,そして反応開始剤の吸収波長が 400 nm 以下であることから,ナノギャップ中において増強された強い近接場により,二光子重合反応が加速されたと考えられている [28].

4.4 近接場を用いたナノリソグラフィ

前節では,ナノギャップ金構造体を用いることによりナノ空間選択的な光重合反応を誘起できることについて紹介した.この原理を利用し,使用するレジストをネガ型からポジ型に変え,図 4.12(a) に示すようにポジ型フォトレジスト基板にナノギャップ金構造体をフォトマスクとして密着させて光を照射すれば,光電場増強度の高いナノ空間に近接場による二光子吸収が誘起される.露光後に現像

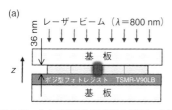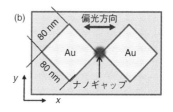

図 4.12 (a) 密着露光実験の略図,(b) ナノギャップ金二量体構造 (80 nm × 80 nm × 35 nm,ギャップ幅:4 nm) を有するフォトマスクの設計概略図

するとレジスト基板上に照射した光の波長サイズよりもはるかに小さな凹型のナノパターンが形成すると期待される．すなわち，可視光を近接場に変換してナノ空間に閉じ込め，それによって光の回折限界を超える光加工を可能にするという発想である．

このナノギャップリソグラフィを検証するために，図 4.12(a)

【最先端研究7】

プラズモン増強電場による光触媒反応の高活性化

半導体ナノ微粒子は，量子ドット太陽電池や光触媒反応への応用が試みられており，近年注目されている材料である．半導体ナノ微粒子を効率よく光励起する一つの手法として，局在表面プラズモン共鳴（LSPR）の光電場増強を用いることができる．

半導体ナノ微粒子の硫化カドミウム（CdS）ナノ微粒子（粒径：5.0 nm）を金ナノ微粒子の近接場の中に配置すると，その光触媒活性が大きく向上する[29]．CdS 粒子を金コア-二酸化ケイ素（シリカ，SiO_2）シェル粒子の表面に固定し，複合粒子光触媒（CdS/SiO_2@Au）を作製した．SiO_2 シェルの厚さを変化させて，Au-CdS の粒子間距離（d_{Au-CdS}）を精密に制御した．この CdS/SiO_2@Au 粒子を 2-プロパノール水溶液に分散させて可視光を照射すると，水の光還元によって水素が光照射時間にほぼ比例して発生した（図1）．CdS ナノ微粒子のみを用いた場合にも水素が発生するが，CdS/SiO_2@Au 光触媒の場合は，d_{Au-CdS} と金ナノ微粒子のサイズによって大きく変化した．

光触媒活性の d_{Au-CdS} 依存性を図2に示す．CdS のみの場合と CdS/SiO_2@Au の場合の光触媒反応速度の比として増強率（$f_{enhance}$）を求め，図の縦軸とした．d_{Au-CdS} が約 10 nm を超えると $f_{enhance}$ が 1 以上となり，CdS よりも大きな光触媒活性を示した．$f_{enhance}$ が最大となる d_{Au-CdS} 値は，用いる金ナノ微粒子のサイズによって変化し，金ナノ微粒子のサイズが 19 から 73 nm に増大すると最適な d_{Au-CdS} も 17 から 36 nm へと増加した．これらは，近接した CdS と Au の

に示すようにナノギャップ金構造基板を,ポジ型フォトレジスト(TSMR-V90LB, 膜厚:約70 nm, 東京応化工業(株))をスピンコートしたガラス基板(24 mm×24 mm)に密着させ,基板上にフェムト秒レーザー光(波長:800 nm, パルス幅:100 fs, 繰返し周波数:82 MHz)を任意の強度および時間照射することにより密

粒子間でのエネルギー移動よる CdS 励起状態の失活と,金ナノ微粒子の LSPR 増強電場による CdS の光励起確率の増大の 2 つの効果のバランスにより最大の $f_{enhance}$ が決まることを示している.また,大きな金ナノ微粒子ほどその LSPR 増強電場はより遠くまで及ぶことが明らかとなった.

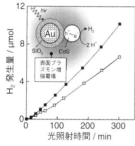 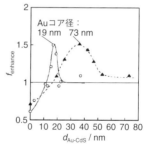

図1 CdS 粒子(□)および CdS/SiO₂@Au 複合粒子(SiO₂ 膜厚:17 nm)(■)を光触媒とする水素発生反応の経時変化

図2 CdS/SiO₂@Au 光触媒における反応の増強率と Au-CdS 粒子間距離との関係

(名古屋大学大学院工学研究科 鳥本 司)

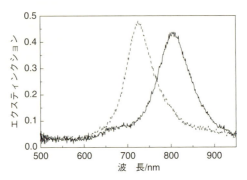

図 4.13 金構造のエクスティンクションスペクトル
構造上にポジ型フォトレジストをスピンコートした．実線：金二量体構造に対して平行な偏光照射条件，破線：金二量体構造に対して垂直な偏光照射条件．

着露光が試みられた．露光後に，基板をアルカリ水溶液（NMD-3，東京応化工業（株））に浸漬させて現像が行われ，形成されたレジストの空間パターンが走査型電子顕微鏡により観察された．

図 4.12(b) は，フォトマスクとして作製された一対のナノギャップ金構造の設計概略図である．1つのブロックサイズは 80 nm×80 nm×35 nm で，設計ナノギャップ幅は 4 nm となっている．図 4.13 は，ポジ型フォトレジストをコートした基板にナノギャップ金構造体を密着させて測定したエクスティンクションスペクトルである．直線偏光を金二量体構造に対して平行になるように照射して測定したプラズモン共鳴バンド（図中実線）は，垂直になるように照射して測定したバンド（図中点線）より約 100 nm 長波長シフトしている．これは，図 4.3 で示したとおり，金二量体を構成する2つの金ナノブロックにそれぞれ生成したプラズモンの双極子どうしがナノギャップを介して相互作用したためであり，2つの金ナノブロックの間にナノギャップが形成されていることを証明するもので

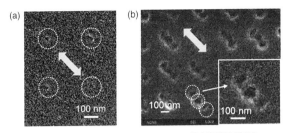

図 4.14　フォトレジストパターンの電子顕微鏡写真
(a) フェムト秒レーザービーム (0.06 W cm^{-2}) を 10 秒間照射し現像した.
(b) フェムト秒レーザービーム (50 W cm^{-2}) を 10 秒間照射し現像した.
図中両矢印は偏光方向.

ある.また,露光用光源の波長は,金二量体構造に対して直線偏光を平行に照射したときに得られるプラズモン共鳴バンドのピークと重なっている.

図 4.14(a) は,0.06 W cm^{-2} のフェムト秒レーザー光をフォトマスクを通して 10 秒間照射し,現像後,電子顕微鏡観察を行った結果である.コントラストが悪いが,約 10 nmϕ のサイズのレジストナノパターンがナノギャップ金構造のギャップに形成されていることがわかる.サイズや形状はばらついているが,最小で 5 nm のサイズのパターンが形成されており,ナノギャップリソグラフィの原理が検証された.また,比較的光強度が大きい 50 W cm^{-2} のフェムト秒レーザービームを 29 秒間照射した条件では,図 4.14(b) に示すようにナノギャップの位置だけではなく,照射した直線偏光に沿って構造の両端に対応する空間と合わせ,合計 3 か所のナノ空間に近接場光による二光子反応が誘起されたことが明らかになった.さらに,フォトマスクとして用いたナノギャップ金構造体にポジ型ではなく,ネガ型のレジストを塗布して二光子重合反応を行ったと

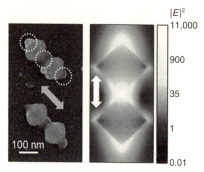

図 4.15 ネガ型フォトレジストの光重合反応によって可視化した光電場強度分布（2 kW cm^{-2}，1 s 照射）および図 4.9(a) の FDTD シミュレーション結果を対数表示したナノギャップ金二量体構造の光電場強度プロファイル
図中の両矢印は偏光方向．

ころ，図 4.15 の左図に示す現像液に不溶化した重合物が生成した．これは，図 4.15 の右図に示した FDTD シミュレーションによる光電場強度プロファイル（対数表示）とよく一致している．これは図 4.14(b) の光照射条件では照射光量が大きいため，ナノギャップに比べて光電場増強度が 2 桁程度小さな構造体の両端でも二光反応が進行したためである [30]．

第5章

プラズモン共鳴を用いた光電変換システム

 太陽光エネルギーを電気エネルギーや化学エネルギーへ変換するシステムの構築は，光化学の研究分野において古くから行われている．また，高い太陽光エネルギー変換効率を実現することは，光エネルギー変換の研究における大きな目標の一つとなっている．

 1960年代後半に本多，藤嶋らにより図5.1に示すような酸化チタン半導体電極を光アノード，白金をカソードとして用いた光電気化学測定系において，光アノードに紫外光を照射すると，光電流が発生するとともに，アノードから酸素が，そしてカソードから水素が発生することが示された [31,32]．いわゆる，本多-藤嶋効果である．これは光による水の完全分解であり，光化学におけるエポックメーキングな発見であった．しかし，酸化チタンは，そのバンド

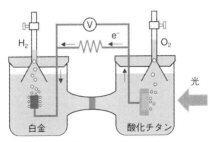

図5.1 酸化チタン半導体電極を光アノード，白金をカソードとして用いた光電気化学測定系

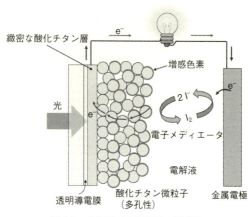

図 5.2 色素増感太陽電池の概略図

構造から太陽光の中に 5% 程度しか含まれない波長 400 nm 以下の紫外光でしか励起することができず,太陽光エネルギー変換システムとしては十分な変換効率を実現できなかった.一方,この本多-藤嶋効果の発見が起点となり,太陽光の中に多く含まれる可視光を電気エネルギーに変換する光電変換システムの研究が加速されたのも事実である.

その一つとして,M. Grätzel らによって 1991 年に報告された色素増感太陽電池が挙げられる(図 5.2).色素増感太陽電池は,酸化チタン微粒子を焼結して多孔性の半導体電極を作製し,それに可視光領域に吸収帯を有する増感色素を含浸させて光アノードとして用いる.増感色素による可視光吸収によって生成した励起電子は,酸化チタン電極の伝導帯に電子移動し,正孔は溶液中の電子メディエータから電子を受け取ることによって光電変換が行われる [33].このように色素増感太陽電池は,溶液を用いる湿式の太陽電池であ

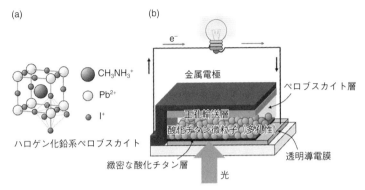

図 5.3 (a) ハロゲン化鉛系ペロブスカイトの結晶格子と (b) ペロブスカイト太陽電池の概略図

る.さらに,最近,宮坂らによって図 5.3 に示すような増感色素の代わりに無機−有機ハイブリッドペロブスカイトに可視光を吸収させる全固体太陽電池が報告された [34,35].その後,世界中のさまざまな研究者によってペロブスカイト太陽電池の研究が精力的に進められ,現在ではシリコン太陽電池と同等の非常に高い太陽光エネルギー変換効率が達成され,大きな注目を集めている.また,金ナノ微粒子が示すプラズモン共鳴も可視光領域にブロードな共鳴帯があるため,金ナノ微粒子を担持した酸化チタン半導体電極を光アノードとして用い,可視光によってプラズモンを励起すると,プラズモン共鳴に基づく光電流が観測されることが,1996 年に横尾らによって初めて報告された [36].金ナノ微粒子を担持した酸化チタン電極系におけるプラズモン誘起電荷分離のメカニズムは不明な点が多いが,メカニズムの解明を含め,今日までさまざまなプラズモン共鳴を用いた光電変換システムの研究が進められている.

このように太陽光を用いる光電変換システムにおいては,太陽光

に含まれる紫外から可視光,そして近赤外に及ぶ幅広い波長の光に応答して電気エネルギーを産み出すことが求められる.プラズモンは,金属ナノ微粒子のサイズを変えることによって自在に共鳴波長を制御することが可能であることから,太陽光を用いた光電変換システムの増感剤としても有望である.さらに,有機色素などとは異なり,金ナノ微粒子は光と強く相互作用するため,少ない物質量で効果的に光を捕捉・吸収し,励起電子と正孔を生成することが可能である.光エネルギー変換デバイスは,デバイスが産み出すエネルギーのみならず,そのデバイスをつくるために消費されたエネルギーも重要となる.したがって,光エネルギー変換デバイスを作製するために要するエネルギーの低減も積極的に図る必要があり,きわめて少ない物質量によって光を完全に吸収する高効率な光励起プロセスを具備する光電変換システムの実現が求められている.そのような観点から,プラズモン共鳴を用いた光エネルギー変換システムには大きな期待が寄せられている.

本章においては,半導体微細加工技術や化学的形成法を用いて金ナノ微粒子を担持した酸化チタン光電極によるプラズモン誘起光電変換システムについて述べる.

5.1 金ナノロッド構造を担持した酸化チタン光電極の光電変換特性

100 nm 程度の大きさの金ナノ微粒子は,色素分子と比べると面積としては 10^4 倍程度大きく,光との相互作用もその分増大する.これは,光を捕集するアンテナ機能と考えることもできる.このような光アンテナ機能を有する金ナノ構造を搭載した酸化チタン電極を用いて,可視–近赤外対応型光電変換システムを構築することが

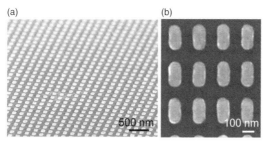

図 5.4 酸化チタン光電極上に作製された金ナノロッド構造の電子顕微鏡写真
(a) 斜めから,(b) 上からの観察.

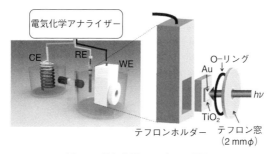

図 5.5 電気化学ホルダーの略図
3 電極式の光電気化学測定システムおよび作用電極に用いた金ナノロッド構造/酸化チタン光電極の設置.

試みられた.まず,その作製方法について述べる.

電子ビームリソグラフィとリフトオフ法を用いてルチル型単結晶酸化チタン基板(0.05wt%ニオブ(Nb)ドープ)上に光アンテナ構造として,図5.4の電子顕微鏡像の金ナノロッド構造体が2.5 mm四方の領域に作製された.これを作用電極(WE)とし,対極に白金電極(CE),参照電極(RE)に飽和カロメル電極(SCE)を用いて,図5.5に示す3電極式の光電気化学測定システムによって作用電極の光電変換特性が調べられた.なお,電解質水溶液としては,

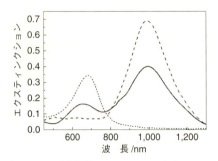

図 5.6 金ナノロッド構造体のエクスティンクションスペクトル
無偏光(実線),および直線偏光(長軸:破線,短軸:点線)を照射している.

過塩素酸カリウム水溶液 ($0.1\,\mathrm{mol\,L^{-1}}$) が用いられ,作用電極を励起するためにキセノン (Xe) ランプから取り出された光を分光器に導入し,単色光 (スペクトル幅 10 nm) として作用電極に照射された.

図 5.4 に示した金ナノロッド構造は,縦と横の辺の長さが異なるため,長軸方向に偏光した直線偏光を照射した場合と,短軸方向に偏光した直線偏光を照射した場合とでは,現れるプラズモン共鳴帯の波長が異なる (2.4 節参照).図 5.6 は,金ナノロッド構造に対して無偏光 (電場の方向がすべての方向に均一に分布している光),および直線偏光を照射したときのエクスティンクションスペクトルである.図 5.7 は,金ナノロッド/酸化チタン電極に光照射したときに観測される電流-電位曲線である.また,図 5.8 は,金ナノロッド/酸化チタン電極に対して無偏光,および直線偏光を照射したときに観測される光電変換効率 (IPCE) の作用スペクトルである.ここで,IPCE とは,incident photon-to-current efficiency の略語で,金ナノロッド/酸化チタン電極に照射された光子数に対して外

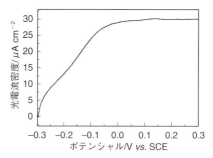

図 5.7 金ナノロッド/酸化チタン電極への光照射下における電流–電位曲線

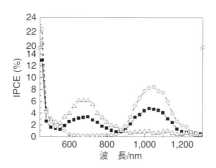

図 5.8 光電変換効率（IPCE）の作用スペクトル
無偏光（■），および直線偏光（長軸：○，短軸：△）を照射している．

部に取り出すことができた電子数のことを意味する．図 5.6 から明らかなように，ナノロッドの長軸と短軸のそれぞれのプラズモン共鳴に由来するバンドが，長波長側（1,000 nm）と短波長側（650 nm）に出現している．一方，図 5.7 より波長 500～1,300 nm の光照射によりアノード電流（酸化電流）が観測され，金ナノロッドのプラズモン励起により金ナノロッド/酸化チタン電極から対極に向かって電子移動が起こり，電子が不足した（正孔が生じた）金ナノロッド/

酸化チタン電極には支持電解質溶液から電子が供給されることがわかる．また，図5.6と図5.8のスペクトルの比較より，いずれの直線偏光を照射してもIPCEの波長依存性を示す作用スペクトルはエ

【最先端研究8】

二刀流で単一分子を観る

図1に示す単一分子を電極間に架橋させた単分子接合は，分子エレクトロニクスへの応用が期待され，注目を集めている．従来の単分子接合研究においては，電極間に架橋した単一分子の観測法として，電気伝導度測定が用いられてきた．しかし，電気伝導度の測定だけでは，ターゲットとする単一分子が，本当に電極間に架橋しているかどうかの確証はなく，分光法と組み合わせて観測する新しい計測法の開拓が待ち望まれていた．単分子接合では，分子が金属ナノギャップに捕捉されており，ナノギャップに形成される光増強場を利用するには最適な構造となっている．筆者らは，単分子接合の表面増強ラマン散乱（SERS）と電気伝導度の同時計測（二刀流）により，架橋した単一分子の観測に成功した．単分子接合は，分子を含む溶液中で金電極を破断することで作製された（mechanically controllable break junction法）．

図2(a)(b)は実験に用いた金ナノ電極の電子顕微鏡像および対応するSERS信号の空間マッピングである．中心のナノギャップ部分で強いSERSシグナルが観測された．

図3は，分子接合の電気伝導度とSERS強度の関係である．SERS強度は$0.01G_0$（$G_0=2e^2/h$）で最大になっている．ビピリジン単分子接合の伝導度は$0.01G_0$であり，観測されたSERSが単分子接合に由来することがわかる．

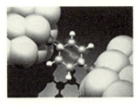

図1 単分子接合のモデル図
（カラー図は口絵4参照）

クスティンクションスペクトルの形状と同様の応答を示している．このことは，プラズモン共鳴に基づいて光電変換が生じたことを強く示唆している．また，図5.8から，波長500 nm以下の光照射に

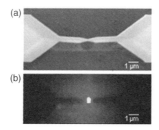

図2 (a) 金属ナノ電極の電子顕微鏡図および (b) ビピリジン分子接合からのSERS信号強度（環呼吸振動モード：1015 cm^{-1}）の空間マッピング
（カラー図は口絵5参照）

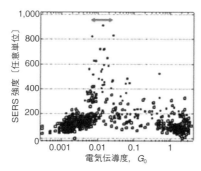

図3 ビピリジン分子接合におけるSERS信号強度の電気伝導度依存性 [37]
上部矢印の伝導度領域が単分子接合に対応．

（東京工業大学大学院理工学研究科　木口　学）

よっても光電流の増大が観測されており,プラズモン共鳴のみならず,金のバンド間遷移に基づく光吸収によっても光電変換が生じている.これら,金のバンド間遷移,およびプラズモン共鳴に基づく光電流は,200時間(8日間)以上の連続光照射によっても安定して発生し続けた [38].この光電流発生のメカニズムについては次節で述べることにする.

5.2 水を電子源とするプラズモン誘起光電変換

前節で示したように,金ナノロッド/酸化チタン電極を作用電極として光電気化学測定を行うと,ほぼすべての光照射波長においてアノード電流が観測されている.つまり,可視–近赤外光を照射された金ナノロッド/酸化チタン電極から対極への電子移動が生じるとともに,電子が不足した金ナノロッド/酸化チタン電極に対して電解質水溶液側から電子が供給されることを示している.第2章で述べたように,プラズモンを励起するとその位相緩和過程において金ナノ微粒子自身が励起され,励起電子と正孔が生ずる.もし,金ナノ微粒子が酸化チタンなどの半導体と接触している場合には,生成した励起電子が酸化チタンの伝導帯に注入され,正孔と電荷分離して対極へと移動すると考えられる.これは,色素増感太陽電池において,増感色素の光励起により,その励起電子が酸化チタン電極の伝導帯に注入されることに類似している.色素増感太陽電池の場合,増感色素に生じた正孔に電子メディエータから電子が注入されるため光電流が観測される.一方,プラズモン共鳴による光電変換においても,金ナノ微粒子に残った正孔に対して電子注入がなされなければ光電流は観測されないが,200時間以上もの連続光照射に対して安定した光電流が観測されている.この正孔に対して電子注

入する電子源が何であるかを特定することは,プラズモン誘起光電変換のメカニズムを解明するうえで重要となる.前節で示したように,金ナノロッド/酸化チタン電極は過塩素酸カリウムを電解質とする水溶液に接しているだけであり,色素増感太陽電池のような電子メディエータや,生成した正孔に電子を注入するアミンなどの犠牲試薬もこの電解質溶液には加えられていない.これらを総合して考えると,金ナノ微粒子に生成した正孔へ電子を注入しているのは水分子であると推察される.

もし水が電子源となっているのであれば,水が酸化的に分解して酸素の発生が起きるはずである.金ナノロッド/酸化チタン電極に光照射することにより水が酸化的に分解しているかどうかを確認するために,酸素の同位体でラベルした $H_2^{18}O$ を 10% 含有する水が用いられ,発生する酸素分子に含まれる同位体がガスクロマトグラフ質量分析法(GC-MS)によって確認された.

図 5.9 は,450〜1,150 nm の各波長の光照射によって観測された光電流に対する酸素発生収量を棒グラフで示している.なお,実験

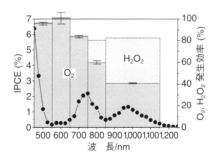

図 5.9 450〜1,150 nm の各波長の光照射によって観測された光電流に対する酸素発生収量を示した棒グラフ
図中のプロットは,IPCE 作用スペクトル.

に使用した電極は，5.1節と同様の方法で作製した金ナノロッド構造を有する酸化チタン光電極である．波長500 nm，および600 nmの光照射においては，金のバンド間遷移やプラズモン共鳴（金ナノロッドのT-mode）に基づき，ほぼ化学量論的に酸素が発生している．ここでいう「ほぼ化学量論的」ということについて説明しておこう．作用電極に注入された電子数は観測される光電流量から算出できる．これに対して，発生した酸素量から求められる水の酸化反応に用いられた電子数を算出すると，その割合がほぼ100%に近いことを意味しており，これを「ほぼ化学量的」といっている．

一方，照射波長を700 nm，800 nm，さらには1,000 nmと長波長にすると（プラズモン共鳴のL-mode），酸素発生収量は徐々に減少するが，それに代わり過酸化水素（H_2O_2）が生成することが確認された．これらの結果は，金ナノロッド/酸化チタン電極を用いたプラズモン誘起光電変換系においては水が電子源となり，多電子変換が金ナノロッド/酸化チタン電極界面上で誘起され，ほぼ化学量論的に酸素および過酸化水素が発生していることを示している．プラズモンや光触媒を用いて波長700 nm以下の可視光で水の酸化反応や完全分解を行った研究例は多数報告されているが，本光電変換系では，波長1,000 nm（1.24 eV）の近赤外光照射においても，水から酸素が発生することが確認されている [39]．このことは，用いた金ナノ構造/酸化チタン半導体電極では，電極界面に生成した複数の正孔に2個の水分子から同時に4電子移動する過程が低い過電圧で進行し，酸素が生成することを示しており，きわめてインパクトのある結果であるといっても過言ではない．言い換えると，光電場増強を示す局在プラズモンによって誘起される電極界面での電子移動反応の学理が解明されれば，エネルギー損失を極限にまで低減させた異相界面を設計でき，地表に到達する太陽光のう

ちの85％を占める，紫外，可視，近赤外波長領域の光エネルギーを化学エネルギーに有効に変換することができる究極の光エネルギー変換系を実現できる可能性があるものと期待される．

5.3 金/酸化チタン界面構造が光電変換特性に与える影響

5.1および5.2節では電子ビームリソグラフィを用いて金のナノロッドを酸化チタン基板上に作製し，光電極として用いた光電変換系について紹介した．しかし，数ミリメートル角の範囲に電子ビームリソグラフィで金のナノパターンを作製するには，電子ビーム露光装置を数日間作動させる必要がある．より簡便な方法によって金ナノ微粒子を半導体電極に作製する方法が考案されたので，以下に紹介しよう．0.05wt％のニオブをドープした酸化チタン単結晶基板上に膜厚3nmの金の薄膜をスパッタリングにより成膜した後，その基板を電気炉中において窒素雰囲気下で150〜800℃の任意の温度条件でアニールすることにより金ナノ微粒子が作製された．

図5.10(a)〜(d)は，150℃，300℃，600℃，そして800℃の温度条件で作製された金ナノ微粒子の走査型電子顕微鏡像である．比較的高温でアニールしたほうが150℃の温度条件で作製したときと比べて，サイズや形状のばらつきが小さく，球形状をしている．電子顕微鏡像の解析によるサイズの統計から，800℃のアニール条件では，形成された金ナノ微粒子の平均サイズは18nm，そして標準偏差は8nmとなっている．

図5.11(a)は，異なるアニーリング温度で生成した金ナノ微粒子のエクスティンクションスペクトルである．150℃，300℃の比較的低温でアニーリングした金ナノ微粒子は，サイズや形状のばらつきがあるため，スペクトル幅は広く，エクスティンクション値は

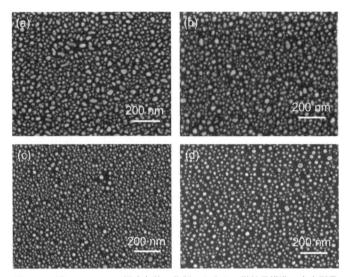

図5.10 種々のアニール温度条件で作製した金ナノ微粒子構造の走査型電子顕微鏡写真
アニール温度条件：(a) 150℃, (b) 300℃, (c) 600℃, (d) 800℃.

600℃や800℃でアニールした試料より小さい．しかし，5.1節と同じ方法で行った光電気化学測定では，図5.11(b) のIPCE作用スペクトルに示されるように，光電変換効率には大きな差が見出された．とくに，150℃の温度条件で作製された金ナノ微粒子を担持した電極では，ほとんど光電流が観測されていない．この事実は，プラズモン誘起光電変換には，金ナノ微粒子の光捕集効果（吸収）だけではなく，別なファクターが関わっていることを示唆している．

アニール温度が光電変換効率に大きく影響する原因を探索するために，透過型電子顕微鏡を用いて金ナノ微粒子と単結晶酸化チタンの界面の状態が調べられた．図5.12(a), (b) は，光電変換効率に

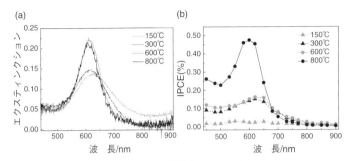

図 5.11 金ナノ微粒子のスペクトル
(a) 種々のアニール温度条件で酸化チタン基板上に作製した金ナノ微粒子構造のエクスティンクションスペクトル, (b) 同じ金ナノ微粒子/酸化チタン光電極を用いて測定された IPCE 作用スペクトル.

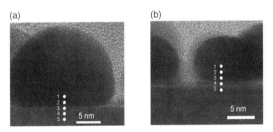

図 5.12 金ナノ微粒子/酸化チタン電極界面の透過型電子顕微鏡写真
図中の数字は, 電子エネルギー損失分光測定位置. (a) 800℃, (b) 150℃.

おいて顕著な差が見られた 150℃ および 800℃ で作製した金ナノ微粒子/酸化チタン電極界面の透過型電子顕微鏡像である. 図 5.12 (a), (b) に示すように, 800℃ および 150℃ でアニールした基板はどちらも単結晶酸化チタンの表面から数原子層分だけ像のコントラストの異なる部分が存在している (最表面から原子数層分は色が白っぽく, それより下の層は色が濃い). 150℃ でアニール生成した金ナノ微粒子はこの層の上に乗っているが, 800℃ でアニーリン

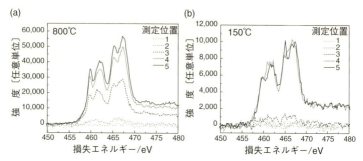

図 5.13 金ナノ微粒子/酸化チタン電極界面近傍の各位置におけるチタンの $L_{2,3}$ edge の電子エネルギー損失スペクトル
測定位置の数字は図 5.12 中の数字に対応する.

グした場合には，金ナノ微粒子がその層を突き抜けて下の色の濃い層に接触している．これらの層が何であるのかを調べるために，図 5.12(a), (b) の透過型電子顕微鏡像中に示した数字の各空間（1 nm 間隔）における，電子エネルギー損失スペクトル計測が行われた．図 5.13(a), (b) は，計測されたチタンの $L_{2,3}$ edge の電子エネルギー損失スペクトルである．これにより，試料中に含まれる元素組成および化学状態を知ることができる．800℃ で作製した基板は，図 5.13(a) に示すように，酸化チタン側では，酸化チタンルチル単結晶由来の 4 つのピークが明瞭に観測され，金側ではピークが消失していることから，金/酸化チタン界面には不純物がなく金と単結晶酸化チタンが密着していることがわかる．一方，150℃ でアニールした電極では，図 5.12(b) の中の数字で示す各空間で電子エネルギー損失スペクトルを測定すると，金と酸化チタン基板の間にブロードなスペクトルを示す層（No. 4）が存在している．このスペクトルの解析より，この界面層は酸素欠陥を有する酸化チタンであると同定されている．これらの結果は，本光電変換系においては，

金ナノ微粒子が酸化チタン単結晶表面に原子レベルで密着していることが重要であることを示している[40].

用語解説2　　　電子エネルギー損失分光法

図1に示すように,電子エネルギー損失分光法（electron energy loss spectroscopy：EELS）は,試料物質との相互作用によりエネルギーが失われた電子をEELS分光器で分光することにより,試料の元素組成や化学結合状態を計測する方法である.試料物質との相互作用とは,入射した電子線が試料内の電子を励起することをさす.とくに,図2に示すように内殻準位の電子を励起した場合,内殻準位からの励起エネルギーは元素によって異なるため,組成分析に用いることができる.最も特徴的なのは,走査透過型電子顕微鏡（STEM）と組み合わせることにより,1 nm以下の微小領域を高い空間分解能で測定できることである.

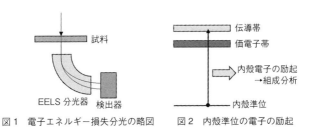

図1　電子エネルギー損失分光の略図　　図2　内殻準位の電子の励起

第6章

プラズモン共鳴を用いた人工光合成

　人工光合成に関する定義は，最近になるまであまり明確ではなかったと思われる．たとえば，植物の光合成のように光をエネルギー源として二酸化炭素と水から糖を人工的につくるシステム，というように考えていた人も多いのではないだろうか．しかし，最近の人工光合成研究の目覚ましい進展に伴い，その定義は明確になった．現在では，以下の3つの要素を同時に含むものが人工光合成と定義されている．(1) 用いる光エネルギーは，太陽光に多く含まれる可視光であること，(2) 水を原料とすること，(3) エネルギー蓄積反応により水素，アルコール，アンモニアなどの高エネルギー物質を生成すること，である．これを簡単にまとめると図6.1となる．

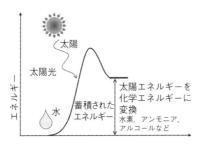

図 6.1　太陽光による水を原料とした人工光合成の定義略図

図 6.1 に示すように人工光合成によって生成された化学物質は，電気エネルギーなどとは異なり，化学エネルギーというかたちで長時間安定に貯蔵することができる．さらに水素などは，燃料電池を用いて電気エネルギーに変換することが可能なため，必要なときに必要な量に応じて電気エネルギーに容易に変換することができる．もちろん，燃焼させれば，化石燃料とは異なり二酸化炭素を排出することなく熱エネルギーとして取り出すことも可能である．

さて，前章において，金ナノロッド/酸化チタン電極を光アノードとして用いたプラズモン誘起光電変換系においては，水が電子源となり光電流が発生すること，またそれに伴い酸素や過酸化水素が生成することを紹介した．すなわち，このプラズモン誘起光電変換系は，太陽光に含まれる可視光により水を原料として電気エネルギーを発生させる光システムであり，これに高エネルギー物質を生成する機能を付与すれば，人工光合成へと展開できると期待される．

本章においては，プラズモン共鳴を示す金ナノ微粒子を担持した半導体光電極を用いて可視波長域の光を活用し，水を分解することにより水素と酸素を発生する方法，ならびに水を原料として空中窒素を固定することによりアンモニアと酸素を生成するプラズモン誘起人工光合成システムについて紹介する．

6.1 プラズモン誘起水分解反応

光触媒を用いて水を分解し水素と酸素を得る研究は，本多–藤嶋効果の発見以来，さまざまな研究が行われている．とくに可視光を吸収する半導体の開発は，精力的に進められてきている．また，植物の光合成のように，可視光により水を酸化して酸素を発生させる

のに適した半導体微粒子と,同じく可視光により水を還元して水素を発生させるのに適した半導体微粒子をそれぞれ選択し,それらの半導体微粒子を水に混合分散させ,それらの間の電子移動を電子メディエータに行わせ,可視光の2光子によって水を完全分解するシステムなどの研究が進められている.

これらの人工光合成の多くは,半導体微粒子を単一の反応容器に分散させて光照射を行うため,発生した水素と酸素は反応容器内に混在する.したがって,エネルギー物質として利用する水素を分離・回収しなくてはならず,水素を選択的に透過する膜などの開発も行われている.また,光触媒として用いる半導体微粒子を焼結して光電極とし,対極となる電極と金属ワイヤによって接続してそれぞれの電極を空間的に分離することも行われている.つまり,発生する水素と酸素をより簡便に分離・回収するシステムの開発は,エネルギーの有効利用の観点からも重要である.

このような要求に応えるべく,さまざまな波長の可視光を吸収可能なプラズモン共鳴を利用するとともに,発生した水素と酸素を分離・回収する機能を併せ持つ人工光合成のプロトタイプが開発された.この光システムの構成としては,光電極として可視光を捕集・吸収する光アンテナとして金ナノ微粒子を担持した単結晶チタン酸ストロンチウム($SrTiO_3$)基板,還元助触媒として白金が用いられており,以下に示す方法により作製された.なお,チタン酸ストロンチウムは,ルチル型酸化チタンよりも伝導帯が約 200 mV 卑な電位に存在するため,水をより還元しやすく水素発生には有利である.

ニオブを 0.05wt% ドープした単結晶チタン酸ストロンチウム基板上にスパッタリング法を用いて膜厚 3 nm の金薄膜を形成させ,その後,窒素雰囲気下,800℃ で 1 時間加熱することにより金ナノ

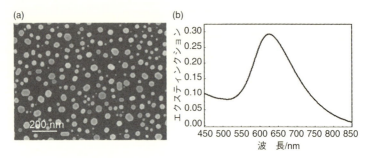

図 6.2 (a) チタン酸ストロンチウム基板上に形成した金ナノ微粒子の走査型電子顕微鏡写真, (b) チタン酸ストロンチウム基板上の金ナノ微粒子のエクスティンクションスペクトル

微粒子を生成させている.図 6.2(a) および (b) は,この金ナノ微粒子の走査型電子顕微鏡像とエクスティンクションスペクトルである.金ナノ微粒子の平均粒径は 52 nm となっており,そのプラズモン共鳴のピークは可視光領域のほぼ中央の 620 nm 付近に現れる.続いて金ナノ微粒子を配置した基板の背面に,オーミック接触を得るためのインジウム/ガリウム (In–Ga) 合金を介して水素発生の助触媒である薄い白金板を貼付し,金ナノ微粒子/チタン酸ストロンチウム/白金電極が作製される.

この金ナノ微粒子/チタン酸ストロンチウム/白金電極を図 6.3 に示すように配置することにより,空間的に酸化反応槽と還元反応槽が分離される.また,両槽の電荷の平衡を維持するために,両槽の間を内径 200 μm のキャピラリーチューブを利用して作製された塩橋を用いる.さらに,酸化槽に酸素の同位体 ^{18}O を含む水 (17.4%, $H_2^{18}O$) を充填し,発生した酸素をガスクロマトグラフ質量分析法によって分析し,水分解に由来する酸素であることが検証された.また,通常,光触媒を焼結した半導体電極を用いて水分解を試みる

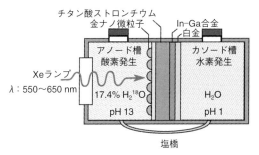

図 6.3　金ナノ微粒子/チタン酸ストロンチウム/白金電極を用いたプラズモン誘起水分解システムの略図

場合には，光反応を促進するために半導体電極と対極の間に電気化学的な外部バイアスを印加することがよく行われる．しかし，本系の場合には，単一の半導体基板の2つの面をそれぞれ酸化サイト，および還元サイトとして用いているために外部バイアスを印加することは困難である．そこで，それぞれの反応槽の水素イオン濃度を調節し，酸化槽を塩基性に，還元槽を酸性にして化学バイアスを印加することによって電荷の再結合を抑制し，水分解反応の促進が図られた．酸化槽の水素イオン濃度指数はpH 13，還元槽のそれはpH 1に固定され，図6.3に示すように酸化槽側からキセノンランプを光源として波長550～650 nmの光が照射された．

図6.4は，水素と酸素の生成量の照射時間依存性である．図から明らかなように，水素と酸素の生成量は時間の経過に伴い線形的に増大し，またその量論比は2：1である．図6.5に示すように，金ナノ微粒子のエクスティンクションスペクトルと，棒グラフで示された水素発生の作用スペクトルは良い一致を示しており，水分解反応がプラズモン共鳴に基づいて誘起されていることが示唆される．また，500±50 nmの波長領域の水素発生速度は，エクスティンク

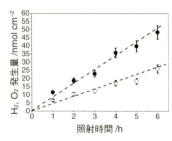

図6.4 水素と酸素の生成量の光照射時間依存性

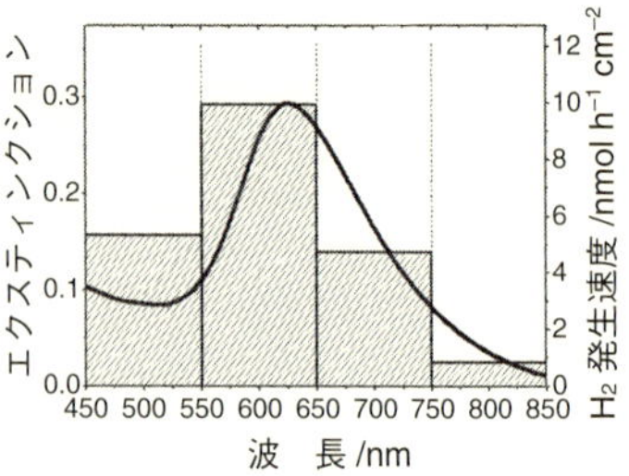

図6.5 金ナノ微粒子のエクスティンクションスペクトル（実線）と，水素発生の作用スペクトル（棒グラフ）

ションスペクトルと比較して大きく，他の波長領域の挙動とは異なっている．これは，この波長領域においては，プラズモン励起に加え，金のdバンドからspバンドへのバンド間遷移が生じ，効率の良い電子移動反応や，電荷分離が誘起されるためと推察されている．また，図6.5から明らかなように，エネルギー変換効率は高くないものの，本系においては全可視光波長に相当する450〜850 nmに渡る広い波長域に光応答して水素と酸素が発生しており，従来の人工光合成では利用が困難であった650 nmより長波長の光も利用可能である点に大きな特徴がある．

ここで示したプラズモン誘起水分解反応のメカニズムについては，不明な点が多く残されているが，図6.6に示すような電子移動反応が生じているのではないかと推論されている．入射光によって励起されたプラズモン共鳴に基づき局在化した近接場が金のバンド間-バンド内遷移を誘起し，励起電子と正孔が生成する．励起電子はただちに半導体の電子伝導帯に電子移動し，化学バイアスによって電位が酸化槽側より貴な還元槽側に移動して白金に注入され，水

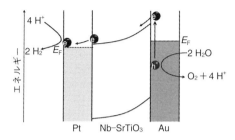

図 6.6 プラズモン誘起水分解反応のエネルギーダイアグラム

(プロトン) を還元する.一方,電子励起によって生じた正孔は半導体/金の界面の表面準位にトラップされ,水が電子供与体となって酸化され,酸素が生じると考えられている [41].今後,プラズモンの位相緩和に伴って生成する励起電子がどのようなエネルギーを有しているのかなどを明らかにする研究が進展すれば,本系の水分解反応,とくに水の酸化反応のより詳細なメカニズムが明らかにされるものと思われる.

6.2 プラズモン誘起アンモニア合成システム

前節で紹介したプラズモン共鳴を用いた水の分解反応システムの大きな特徴は,チタン酸ストロンチウムの伝導帯電位よりも貴な電位に還元電位を有する物質であれば,水(プロトン)以外でも原理的に還元できるという点である.いうまでもなく,還元反応サイトにはターゲットとする還元反応に適した助触媒を選択して担持しなければならない.

このような発想から同様のプラズモン共鳴を利用した光反応システムを用いて空中窒素を固定し,アンモニアの合成が試みられた.

もちろん，水を原料とするアンモニア合成反応は，エネルギー蓄積反応である．ここでプラズモン誘起アンモニア合成システムの話の前に，なぜ人工光合成によってアンモニアを生成する必要があるのかを少し説明しておこう．

現在，アンモニアは，エネルギーキャリア（エネルギーの輸送や貯蔵のための担体となる化学物質）として注目されている．前述したように水素は燃料電池を利用すれば電気エネルギーに変換できる有用な物質ではあるが，液化することが難しく，また金属をはじめとするさまざまな物質の脆性破壊を起こすため貯蔵するのにはコストがかかる．そこで水素に代わるエネルギーキャリアとしてアンモニアに注目が集まっている．アンモニアは，爆発などのリスクが小さく，17.6wt% と高い水素含有率を有し，液体や塩（固体）の形状に比較的容易に変換できるため，輸送に非常に適したエネルギーキャリアである．

一方，アンモニアは，一般的にハーバー・ボッシュ（Haber-Bosch）法を用いて 400～600℃，200～400 atm という過酷な条件下で合成され，膨大なエネルギーを消費している．また，合成に必要なエネルギーの 90% 以上が化石燃料からの水素製造によるものである．したがって，燃料電池の水素キャリアとしてアンモニアを活用するためには，より穏和で環境負荷の低い合成法の開発が不可欠であり，従来の延長線上にある熱化学合成法とは異なる，太陽光に代表される再生可能エネルギーを活用した合成法の創出が求められる．

半導体光触媒を用いてアンモニアを光電気化学的に合成する試みは古くから行われており，最近では鉄をドープした酸化チタン微粒子を光触媒として用いた光アンモニア合成法が報告されている．しかし，応答波長の長波長化に関しては，半導体に不純物を添加する

ことにより，その伝導帯や価電子帯の電位を変化させるバンドエンジニアリングを用いているため，バンドの電位を大きく変えることは難しく，光吸収波長を大きく長波長にシフトさせることはできない．鉄をドープした酸化チタン微粒子光触媒は波長 455 nm 以下の可視光しか吸収できず，可視光の有効利用は実現されていない．また，鉄をドープした酸化チタン微粒子の分散溶液を単一の反応容器に入れて光反応を行っているため，生成したアンモニアが，光励起により半導体微粒子に生じる正孔によって速やかに酸化されてしまうことも問題となっていた．

以上の理由から，可視領域の幅広い波長の光を利用できる人工光合成システムによってアンモニアを合成することが求められていたのである．それでは，話をプラズモン誘起アンモニア合成に戻そう．

プラズモン誘起アンモニア合成システムにおいては，前節で示した水素発生の還元助触媒として利用された白金に代わってルテニウム（Ru）が用いられ，金ナノ微粒子/チタン酸ストロンチウム/ルテニウム電極を図 6.7 のように配置した反応セルによって光反応が試みられた．還元助触媒として選択されたルテニウムは，アンモニアの合成法として広く利用されているハーバー・ボッシュ法において用いられる有用な触媒であり，気体の窒素と水素を吸着して安定な反応中間体を形成することが知られている．なお，本プラズモン誘起アンモニア合成システムにおいても，水分解システムと同様，酸化サイトと還元サイトが空間的に完全に分離されているため，生成物であるアンモニアを独立に回収することが可能であり，発生したアンモニアが酸化サイトで生成した正孔によって酸化されることはなく，従来の半導体微粒子を用いたアンモニア合成系にはない利点と特徴を有している．光反応は，反応セルの酸化槽に 0.1 mol

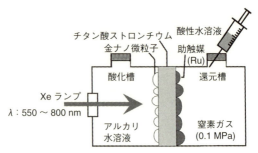

図 6.7 金ナノ微粒子/チタン酸ストロンチウム/ルテニウム電極を用いたプラズモン誘起アンモニア合成ステムの略図

L^{-1} 水酸化ナトリウム水/エタノール溶液 (EtOH：10vol%) が充塡され，還元槽には水蒸気飽和窒素 (25℃，0.1 MPa) が充塡された後に 0.01 mol L^{-1} 塩酸水溶液 15 µL が注入されて行われた(図 6.7)．酸化槽のエタノールは，光照射によって生成した正孔による酸化反応を促進するための犠牲試薬として用いられている．アンモニア生成に関する定量分析は，サリチル酸ナトリウムを用いた比色定量法によって行われた．窒素雰囲気にした酸化槽側から波長 550〜800 nm の可視光が照射された．

図 6.8 はアンモニア生成量の照射時間依存性であり，アンモニアは照射時間に伴って直線的に増大し，生成速度は 0.82 nmol h^{-1} cm^{-2} である．また，対照実験として，金ナノ微粒子が担持されていないチタン酸ストロンチウム光電極を用いて光照射を行ってもアンモニア生成の時間依存性は観測されず，さらに暗下においてはアンモニア生成速度がきわめて小さいことが確認されている．また，生成されたアンモニアが空気中に含まれる不純物ではないことを検証するために同位体窒素ガス ($^{15,15}N_2$) を用いて光反応を行い，生成したアンモニアの質量分析を行うと同位体の窒素を含むアンモ

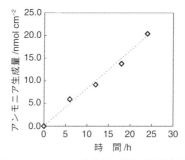

図 6.8 アンモニア生成量の照射時間依存性

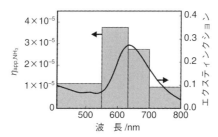

図 6.9 チタン酸ストロンチウム基板上の金ナノ微粒子のエクスティンクションスペクトル(実線),およびアンモニア生成反応に関する見かけの量子収率 η_{app,NH_3} の作用スペクトル(棒グラフ)

ニアが検出され,金ナノ微粒子への可視光照射に基づいてアンモニアが合成されることも明らかにされた.

図 6.9 は,アンモニア生成反応に関する見かけの量子収率 η_{app,NH_3} の作用スペクトルであり,金ナノ微粒子のエクスティンクションスペクトルと良い一致を示している.これらのことから,可視光照射によって誘起されたプラズモン共鳴が,窒素ガスの還元によるアンモニア生成に重要な役割を果たしていることがわかる.さらに,チタン酸ストロンチウム基板に成膜する金の膜厚を 2 nm,3 nm,

4 nm と増加させて加熱することにより金ナノ微粒子の粒径を徐々に増大させると,粒径が大きくなるほどプラズモン共鳴の極大波長は長波長側へシフトするが,見かけの量子収率の作用スペクトルもエクスティンクションスペクトルと同様に長波長シフトすることも確認されている.したがって,光アンテナ機能を有する金ナノ微粒子の粒径を制御することにより,局在表面プラズモン共鳴の波長だけでなくアンモニア合成反応の応答波長も制御可能であることが示された.

さらに,アンモニア以外の還元生成物について分析を行ったところ,水素が発生していることが明らかとなった.水素の生成速度は 13 nmol h^{-1} cm^{-2} と見積もられ,アンモニアの生成速度 0.82 nmol h^{-1} cm^{-2} と比較して 1 桁以上大きい値となっている.つまり,本系における還元生成物の主生成物は水素であり,アンモニアは副生成物である [42].この原因としては,酸化還元電位の観点から水素発生のほうがアンモニア生成より有利であるということだけではなく,助触媒として用いたルテニウム表面においては,窒素原子が吸着するよりも水素原子が吸着したほうがエネルギー的に優位であることがDFT計算(密度汎関数法)より示され,そこにも原因があると予測された.言い換えると,これは窒素原子の吸着エネルギーが水素原子のそれよりも優位となる助触媒を選択すれば,アンモニア生成に関する選択性は向上する可能性があることを示している.

他方,ジルコニウム(Zr)表面においては,水素原子が吸着するよりも窒素原子が吸着したほうがエネルギー的に有利であることがDFT計算によって示されており,アンモニア生成の選択性を向上させるには好適な助触媒と考えられた.そこで,金ナノ微粒子/チタン酸ストロンチウム/ジルコニウム電極によるプラズモン誘起ア

ンモニア合成が試みられた．なお，ジルコニウムは，成膜後に空気と接触すると表面が酸化され，金属ジルコニウムとジルコニウム酸化物の混合物となることが高分解能透過型電子顕微鏡の観測や，各種スペクトルから明らかにされている．しかし，ジルコニウム酸化物もジルコニウム同様，窒素原子の吸着が水素原子の吸着よりも有利であることが理論的に予測されている．この金ナノ微粒子/チタン酸ストロンチウム/ジルコニウム電極の金ナノ微粒子に波長550〜800 nmの光を照射すると，アンモニアの生成速度がルテニウムを用いた場合の6倍程度まで増大すること，さらに水素の生成は定量限界以下であり，アンモニア生成の選択性が飛躍的に増大することが示された [43]．

なお，本プラズモン誘起アンモニア合成システムにはアノード槽に犠牲試薬としてエタノールが10vol%含まれていたが，エタノールを添加せずに水のみを用いて同様の光照射を行ったところ，アンモニアの生成が確認され，水と窒素ガスを原料とし，可視光照射によってアンモニア合成が可能であることも検証されている．

チタン酸ストロンチウム半導体電極に担持した金ナノ微粒子のプラズモン共鳴によってアンモニアが生成するメカニズムは，水の分解と同様に不明な点が多く残されている．とくに，水の酸化反応については推論の域を出ないが，図6.10のエネルギーダイアグラムに示すような電子移動反応のメカニズムが提案されている．まず，プラズモン共鳴により生成した近接場が，金のバンド間-バンド内遷移を誘起し，生成した励起電子がチタン酸ストロンチウムの電子伝導帯に注入され，助触媒表面上で窒素を還元してアンモニアが生成する．さらに，励起電子と同時に生成する正孔は金/半導体界面にトラップされ，犠牲試薬や水分子と反応して酸化反応が進行するものと考えられている．

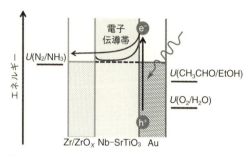

図 6.10 プラズモン誘起アンモニア合成システムのエネルギーダイアグラム
U：酸化還元電位．

6.3 プラズモン共鳴を利用した人工光合成の高効率化に向けて

6.1 や 6.2 節で示したプラズモン誘起水分解システム，およびアンモニア合成システムの太陽光エネルギー変換効率はまだ決して高くはない．効率が低い要因として，光の吸収効率が不十分であり，その結果生成される電子–正孔対の数も少ないこと，また反応表面が 2 次元平面基板上に限定されていることが考えられる．光の吸収効率，および反応表面積を増大させる方法として，光電極を 3 次元化することが一つの解決法であろう．金属のチタンを電極として陽極酸化すると，チューブ状の 3 次元化された酸化チタンが金属チタン表面に生成することがすでに知られており，この方法を用いて酸化チタンナノチューブ半導体光電極が作製された．酸化チタンナノチューブは，そのチューブ構造によって電子の移動方向が規定されるため，高い電子輸送効率が期待される．陽極酸化直後の酸化チタンナノチューブはアモルファスであるため，大気雰囲気下，450℃で加熱することにより，アナターゼ（酸化チタン鉱物）型酸化チタ

6.3 プラズモン共鳴を利用した人工光合成の高効率化に向けて 97

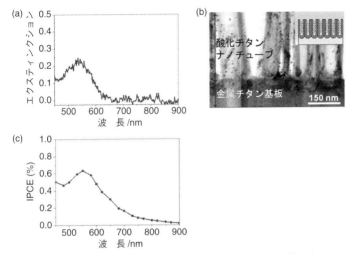

図 6.11 金ナノ微粒子を担持した酸化チタンナノチューブ光電極
(a) 担持した金ナノ微粒子のエクスティンクションスペクトル，(b) 走査型透過電子顕微鏡写真，(c) IPCE 作用スペクトル．

ンとした．結晶系がアナターゼ型の酸化チタンの伝導帯は，ルチル型のそれに比べて約 200 meV 卑な電位となり，チタン酸ストロンチウム同様，水素発生には有利な電位となる．酸化チタンナノチューブ内への金ナノ微粒子の担持は，化学還元法により行われた．塩化金酸水溶液の pH をおよそ 8.5 に調整し，金の配位子をヒドロキシ基に交換した後，ヒドロホウ素化ナトリウム水溶液と交互に浸漬することで金ナノ微粒子が担持された酸化チタンナノチューブ光電極が作製された．図 6.11(a) および (b) は，金ナノ微粒子のエクスティンクションスペクトルと走査型透過電子顕微像である．平均粒径 6 nm 程度の金ナノ微粒子がナノチューブ壁面に均一に分散し，その共鳴スペクトルのピークは 550 nm 付近に存在して

いる.

この金ナノ微粒子を担持した酸化チタンナノチューブ光電極をアノードとし,カソードに白金コイルを用いて2電極系の光電流測定が行われた.その結果,IPCE作用スペクトルは図6.11(c)に示すように,エクスティンクションスペクトルと良い一致を示した.このことから,6.1節と同様プラズモン誘起水分解反応が誘起されていることが示された.太陽光とほぼ同じスペクトルの光を放射できるソーラーシミュレータ(AM 1.5 G)を用いて本システムの太陽光エネルギー変換効率を求めたところ0.1%であった.また,発生した水素と酸素を定量したところ,図6.12に示すように450 nm以上の可視光照射下で水素と酸素がほぼ2:1の割合で生成し,化学量論的な水分解が生じていることが検証された.このときの水素発生速度は0.20 µmol h^{-1} cm^{-2}であった.これは,6.1節で示した2次元平面基板に金ナノ微粒子を担持して水分解を行ったときの約10倍であり,半導体電極を3次元化することによって反応の高効率化が達成されている[44].

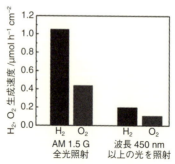

図6.12 ソーラーシミュレータ(AM 1.5 G)照射による水素および酸素発生量

6.3 プラズモン共鳴を利用した人工光合成の高効率化に向けて　99

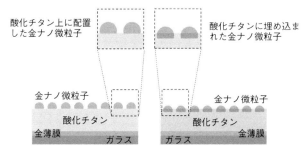

図 6.13　金ナノ微粒子/酸化チタン/金薄膜基板の略図
酸化チタンと金薄膜により形成されたファブリ・ペローナノ共振器上にプラズモン共鳴を示す金ナノ微粒子を配置．またはナノ共振器内に金ナノ微粒を埋め込ませた．

　一方，可視光の幅広い波長域で高い光捕集効率を得る方法として，プラズモンとファブリ・ペロー（Fabry-Pérot）ナノ共振器との強結合を利用する方法論が見出された．ガラス基板上に金を成膜し，その上に酸化チタンを数十ナノメートル程度成膜すると，金表面で光が反射する際に入射光と反射光に位相差が生じ，共振波長が可視光領域に存在するファブリ・ペローナノ共振器が形成される．このナノ共振器上にプラズモン共鳴を示す金ナノ微粒子を配置，またはナノ共振器内に金ナノ微粒子を任意の深さで埋め込む（図 6.13）と光吸収効率が増大する．図 6.14 は，10 mm×10 mm×0.5 mm のサイズのガラス基板，またはそのガラス基板に金を 100 nm 成膜した基板に，酸化チタンを 28 nm 成膜し，さらに酸化チタン基板上に金ナノ微粒子（平均粒径：12 nm）を配置した基板の写真である．酸化チタン基板に金ナノ微粒子を配置したのみの基板（写真左）は半透明であり，基板の背面にある文字を判読できる．しかし，黄金色を呈している酸化チタン/金薄膜基板（写真中央）の上に金ナノ微粒子を配置した場合（写真右）は，基板がほぼ

100　第6章　プラズモン共鳴を用いた人工光合成

図6.14　酸化チタン基板に金ナノ微粒子を配置したのみの基板（左），酸化チタン/金薄膜基板（中央），およびその上に金ナノ微粒子を配置した基板（右）の写真

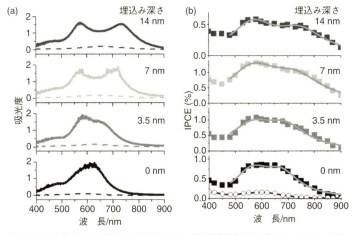

図6.15　(a) 金ナノ微粒子/酸化チタン/金薄膜基板の吸収スペクトル（実線）および金ナノ微粒子/酸化チタン基板の吸収スペクトル（破線）と (b) 金ナノ微粒子/酸化チタン/金薄膜電極により測定されたIPCE作用スペクトル

(b) の下段中のプロット（○）は，金ナノ微粒子/酸化チタン電極により測定されたIPCE作用スペクトル．

黒色となり，いずれも基板背面の文字を判読することができない．これらの基板の透過スペクトル（T）および反射スペクトル（R）を測定して，吸収に対応する$-\log(T+R)$を算出すると図6.15(a)

6.3 プラズモン共鳴を利用した人工光合成の高効率化に向けて　　101

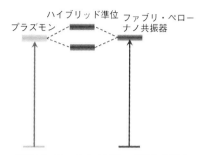

図 6.16　2 つのハイブリッド準位の形成

に示すように，金ナノ微粒子の埋込み深さが 0 nm から 3.5，7，14 nm と大きくなるに従って，スペクトルの分裂とその分裂幅が大きくなる．一方，図中の破線は，金薄膜がなく，ファブリ・ペロー共振器が形成されていない状態で酸化チタン膜上に金ナノ微粒子を配置，または金ナノ微粒子を埋め込んだときの吸収スペクトルである．これらの比較からファブリ・ペロー共振器によって光吸収の著しい増大とスペクトルの分裂が生じることがわかる．このスペクトルの分裂は，図 6.16 に示す共振器モードとプラズモンモードの強結合により 2 つのハイブリッド準位が形成されたことを示している．共振器に閉じ込められた光の電場の位相（＋と－）とプラズモンの双極子の位相（＋と－）がほぼ同じ周波数のときに電磁的な相互作用が発生し，共振器とプラズモン間においてエネルギーのやり取りが起こる．そのエネルギーがやり取りされる状態は強結合状態とよばれ，それぞれの＋と－が同位相の場合と逆位相の場合の 2 つの状態が存在する．同位相の場合は元の共鳴波長に対して長波長側，逆位相の場合は短波長側にスペクトルが分裂し，2 つのハイブリッド準位が形成される．本系においては，金ナノ微粒子のプラズモン共鳴がナノ共振器と強結合することにより，吸収スペクトルが

分裂し,図 6.15(a) に示すようにその分裂した波長で最大で 98%以上の光が吸収されている.さらに,図 6.15(b) に示すように強結合を示す基板を作用電極とし,白金を対極,飽和カロメル電極 (SCE) を参照電極として光電気化学測定を行い,IPCE 作用スペクトルを求めると,図 6.15(a) の吸収スペクトルと同様に,金ナノ微粒子の埋込み深さとともに ICPE 作用スペクトルの分裂幅も増大する.一方,金ナノ微粒子を酸化チタンの中に 14 nm 埋め込むと,光電流が減少する.これは,金ナノ微粒子の平均粒径が 12 nm であるため,ほとんどの金ナノ微粒子が酸化チタンに完全に埋め込まれてしまい,水の酸化反応に基づく光電流発生において重要となる金/酸化チタン/水の 3 相界面が著しく減少するためと考えられている.図 6.15(b) の下段の図中に示したファブリ・ペロー共振器がない電極 "金ナノ微粒子(埋込み深さ 0 nm)/酸化チタン電極" を用いて得られた光電変換効率の積分値(波長 400〜900 nm)と,ファブリ・ペローナノ共振器とプラズモンが強結合した "金ナノ微粒子(埋込み深さ 7 nm)/酸化チタン/金薄膜電極" の光電変換効率の積分値を比較すると,強結合したほうが約 11 倍大きいことが示された.さらに,水分解反応効率(450〜850 nm の光照射)を比較したところ,金ナノ微粒子の埋込み深さが 7 nm の "金ナノ微粒子/酸化チタン/金薄膜電極" は,同じ金ナノ微粒子の埋込み深さの "金ナノ微粒子/酸化チタン電極" に比べて水素発生速度が約 6.3 倍大きいことも明らかにされている [45].このようにファブリ・ペローナノ共振器とプラズモン共鳴を強結合させることにより,可視光域の幅広い波長域で高い光吸収効率を有する光電極を実現でき,光電変換効率や水分解反応の効率が増大することが確認されている.

以上,プラズモン共鳴を利用した人工光合成の高効率化に向けた

2つの研究を紹介した．とくにプラズモン共鳴とファブリ・ペローナノ共振器との強結合を用いたシステムにおいて観測された水分解の高効率化は，プラズモンの位相緩和の能動的制御によって生じた可能性もあり，プラズモン誘起人工光合成の研究が新たな次元に入ったことを予感させるものである．

参考文献

[1] Kelly, K. L., Coronado, E., Zhao, L. L., Schatz, G. C., *J. Phys. Chem. B*, **107**, 668–677 (2003).
[2] Takase, M., Ajiki, H., Mizumoto, Y., Komeda, K., Nara, M., Nabika, H., Yasuda, S., Ishihara, H., Murakoshi, K., *Nat. Photonics*, **7**, 550–554 (2013).
[3] Sun, Q., Yu, H., Ueno, K., Kubo, A., Matsuo, Y., Misawa, H., *ACS Nano*, **10**, 3835–3842 (2016).
[4] Link, S., El-Sayed, M. A., *J. Phys. Chem. B*, **103**, 8410–8426 (1999).
[5] Ueno, K., Mizeikis, V., Juodkazis, S., Sasaki, K., Misawa, H., *Opt. Lett.*, **30**, 2158–2160 (2005).
[6] Imura, K., Ueno, K., Misawa, H., Okamoto, H., *Nano. Lett.*, **11**, 960–965 (2011).
[7] Tanaka, Y., Kaneda, S., Sasaki, K., *Nano. Lett.*, **13**, 2146–2150 (2013).
[8] Sönnichsen, C., Franzl, T., Wilk, T., von Plessen, G., Feldmann, J., Wilson, O., Mulvaney, P., *Phys. Rev. Lett.*, **88**, 077402 (2002).
[9] Brongersma, M. L., Halas, N. J., Nordlander, P., *Nat. Nanotechnol.*, **10**, 25–34 (2015).
[10] Faraday, M., *Philosoph. Transact.*, **147**, 145–181 (1857).
[11] Turkevich, J., Stevenson, P. C., Hillier, J., *Discuss. Faraday Soc.*, **11**, 55–75 (1951).
[12] Frens, G., *Nat. Phys. Sci.*, **241**, 20–22 (1973).
[13] Malinsky, M. D., Kelly, K. L., Schatz, G. C., Van Duyne, R. P., *J. Am. Chem. Soc.*, **123**, 1471–1482 (2001).
[14] Yu, Y. Y., Chang, S.-S., Lee, C.-L., Wang, C. R. C., *J. Phys. Chem. B*, **101**, 6661–6664 (1997).
[15] Jana, N. R., Gearheart, L., Murphy, C. J., *J. Phys. Chem. B*, **105**, 4065–4067 (2001).
[16] Eguchi, M., Mitsui, D., Wu, H.-L., Sato, R., Teranishi, T., *Langmuir*, **28**, 9021–9026 (2012).
[17] Oldenburg, S. J., Averitt, R. D., Westcott, S. L., Halas, N. J., *Chem. Phys. Lett.*, **288**, 243–247 (1998).
[18] Kondo, T., Nishio, K., Masuda, H., *Appl. Phys. Express*, **2**, 032001 (2009).
[19] Jin, R., Cao, Y. W., Mirkin, C. A., Kelly, K. L., Schatz, G. C., Zheng, J. G., *Science*, **294**, 1901–1903 (2001).
[20] Métraux, G. S., Mirkin, C. A., *Adv. Mater.*, **17**, 412–415 (2005).
[21] Liebermann, T., Knoll, W., *Colloid. Surf. A*, **171**, 115–130 (2000).

［22］Ueno, K., Juodkazis, S., Mino, M., Mizeikis, V., Misawa, H., *J. Phys. Chem. C*, **111**, 4180-4184（2007）.

［23］Tawa, K., Umetsu, M., Nakazawa, H., Hattori, T., Kumagai, I., *ACS Appl. Mater. Interfaces*, **5**, 8628-8632（2013）.

［24］Göppert-Mayer, M., *Ann. Phys.*, **9**, 273-295（1931）.

［25］Kaiser, W., Garrett, C. G. B., *Phys. Rev. Lett.*, **7**, 229-231（1961）.

［26］Ueno, K., Misawa, H., *Phys. Chem. Chem. Phys.*, **15**, 4093-4099（2013）.

［27］Wu, B., Ueno, K., Yokota, Y., Sun, K., Zeng, H., Misawa, H., *J. Phys. Chem. Lett.*, **3**, 1443-1447（2012）.

［28］Ueno, K., Juodkazis, S., Shibuya, T., Yokota, Y., Mizeikis, V., Sasaki, K., Misawa, H., *J. Am. Chem. Soc.*, **130**, 6928-6929（2008）.

［29］Torimoto, T., Horibe, H., Kameyama, T., Okazaki, K.-i., Ikeda, S., Matsumura, M., Ishikawa, A., Ishihara, H., *J. Phys. Chem. Lett.*, **2**, 2057-2062（2011）.

［30］Ueno, K., Takabatake, S., Nishijima, Y., Mizeikis, V., Yokota, Y., Misawa, H., *J. Phys. Chem. Lett.*, **1**, 657-662（2010）.

［31］藤島 昭, 本多健一, 菊地真一, 工業化学雑誌, **72**, 108-113（1969）.

［32］Fujishima, A., Honda, K., *Nature*, **238**, 37-38（1972）.

［33］O'Regan, B., Grätzel, M., *Nature*, **353**, 737-740（1991）.

［34］Kojima, A., Teshima, K., Shirai, Y., Miyasaka, T., *J. Am. Chem. Soc.*, **131**, 6050-6051（2009）.

［35］Lee, M. M., Teuscher, J., Miyasaka, T., Murakami, T. N., Snaith, H. J., *Science*, **338**, 643-647（2012）.

［36］Zhao, G., Kozuka, H., Yoko, T., *Thin Solid Films*, **277**, 147-154（1996）.

［37］Konishi, T., Kiguchi, M., Takase, M., Nagasawa, F., Nabika, H., Ikeda, K., Uosaki, K., Ueno, K., Misawa, H., Murakoshi, K., *J. Am. Chem. Soc.*, **135**, 1009-1014（2013）.

［38］Nishijima, Y., Ueno, K., Yokota, Y., Murakoshi, K., Misawa, H., *J. Phys. Chem. Lett.*, **1**, 2031-2036（2010）.

［39］Nishijima, Y., Ueno, K., Kotake, Y., Murakoshi, K., Inoue, H., Misawa, H., *J. Phys. Chem. Lett.*, **3**, 1248-1252（2012）.

［40］Shi, X., Ueno, K., Takabayashi, N., Misawa, H., *J. Phys. Chem. C*, **117**, 2494-2499（2013）.

［41］Zhong, Y., Ueno, K., Mori, Y., Shi, X., Oshikiri, T., Murakoshi, K., Inoue, H., Misawa, H., *Angew. Chem. Int. Ed.*, **53**, 10350-10354（2014）.

［42］Oshikiri, T., Ueno, K., Misawa, H., *Angew. Chem. Int. Ed.*, **53**, 9802-9805（2014）.

［43］Oshikiri, T., Ueno, K., Misawa, H., *Angew. Chem. Int. Ed.*, **55**, 3942-3946（2016）.

[44] Takakura, R., Oshikiri, T., Ueno, K., Shi, X., Kondo, T., Masuda, H., Misawa, H., *Green Chem.*, **19**, 2398-2405 (2017).

[45] Shi, X., Ueno, K., Oshikiri, T., Sun, Q., Sasaki, K., Misawa, H., *Nat. Nanotechnol.*, **13**, 953-958 (2018).

索　引

【欧字】

d 電子 ·························· 5, 15, 16, 27

EB リソグラフィ ······················· 31
EELS ································· 81

Faraday, M. ························ 2, 32
FDTD ················ 23, 26, 52, 56, 64

IPCE ································· 70
IPCE 作用スペクトル ················ 70

L-mode ···················· 21, 51, 55, 76
LSPR ································· 4

p 軌道 ································ 15
p 偏光 ································ 15

s 軌道 ································ 15
s 偏光 ································ 15
SERS ································· 72

T-mode ···················· 21, 51, 55, 76

【ア行】

アスペクト比 ························ 19
アニール ····························· 77
アノード ···················· 35, 65, 87, 98
アノード電流 ····················· 71, 74
アンモニア ·························· 83, 96
アンモニア合成システム ·········· 89, 96

位相緩和 ········· 23, 26, 27, 29, 74, 89, 103

エクスティンクションスペクトル ····· 18

エネルギーダイアグラム ················ 5
エネルギーバンド ······················ 5, 16
塩化金酸 ························ 2, 31, 97

【カ行】

回折限界 ··························· 25, 40
化学量論 ································· 76
化石燃料 ······························ 84, 90
カソード ······················· 35, 65, 87, 98
カーボンナノチューブ ·················· 12

犠牲試薬 ··························· 75, 92, 95
基本振動 ································· 11
基本モード ······························· 12
吸収断面積 ······························· 28
強結合（状態） ····················· 99, 101
共鳴波長 ································· 10
局在型プラズモン共鳴 ··················· 4
局在表面プラズモン共鳴 ····· 3, 8, 36, 38,
　　　　　　　　　　　　　　　60, 94
禁制 ······································· 14
近接場 ········ 12, 23, 27, 50, 56, 59, 88, 95
近接場光 ································· 63
金ナノクラスター ························ 6
金ナノ微粒子 ···························· 6
金ナノブロック構造 ······················ 21
金ナノロッド ···························· 34
金二量体構造 ··················· 50, 56, 59, 62

クラスター ···························· 6, 34, 45

光子 ·································· 9, 28, 47
光電変換 ··························· 65, 73, 77

光電変換効率 ………………… 70, 78, 102
固有振動 ……………………………… 7, 11
固有振動数 ………………………………… 7

【サ行】

酸化チタン …… 23, 26, 65, 74, 79, 84, 85, 90, 96
酸化チタンナノチューブ ……………… 96
酸化チタン光電極 ……………………… 68
時間領域差分法 ………………………… 23
色素増感太陽電池 …………………… 66, 74
四重極子 ………………………………… 14
自由電子 ………………………… 4, 7, 16, 21, 26
助触媒 ………………………… 85, 89, 91, 94
人工光合成 ……………………………… 83
スパッタリング ………………… 45, 77, 85
正孔 ……………………… 28, 66, 71, 74, 88, 91
双極子 ……………… 9, 13, 19, 50, 62, 101
双極子-双極子相互作用 ……………… 50
束縛電子 ………………………… 5, 16, 27

【タ行】

チタン酸ストロンチウム ………… 85, 89
長波長近似 ……………………………… 12
電荷分離 ………………… 28, 67, 74, 88
電子移動 ………………… 66, 71, 76, 85, 88, 95
電子エネルギー損失分光法 …………… 81
電子-正孔対 …………………………… 27, 96
電子ビームリソグラフィ …… 18, 31, 40, 69, 77
電子メディエータ ………… 66, 74, 85
伝導帯 …………………………………… 16, 88
伝搬型プラズモン共鳴 ……………… 42, 4

【ナ行】

ナノギャップ金構造体 ……………… 50
ナノギャップリソグラフィ ………… 60
ナノクラスター ………………………… 5
ナノリソグラフィ ……………………… 59
二光子吸収 ………………… 48, 52, 55, 59
二光子重合 ……………………………… 55, 63
二光子反応 ……………………………… 55, 63

【ハ行】

バンド間遷移 ………… 95, 16, 27, 74, 76, 88
バンド内遷移 …………………… 27, 88, 95
光アノード ……………………………… 65, 84
光エネルギー変換デバイス …………… 68
光触媒 …………………… 47, 60, 76, 84, 90
光電場増強 ……… 26, 28, 36, 39, 42, 49, 76
光電場増強度 …………………………… 55, 59
表面増強ラマン散乱 ………………… 39, 72
表面プラズモン共鳴 …………………… 4
ファブリ・ペローナノ共振器 ……… 99
フェルミ準位 …………………… 5, 16, 27
フェルミ速度 …………………………… 9
フォトクロミック反応 ………………… 52
フォトレジスト ………………………… 56
プラズマ …………………………………… 6, 45
プラズマ周波数 ………………………… 7
プラズマ振動 …………………………… 7
プラズマ振動数 ………………………… 7
プラズモン共鳴 ………………………… 4
プラズモントラッピング ……………… 24
プラズモン誘起光電変換 ……… 74, 78, 84
プラズモン誘起水分解 ……………… 84, 96
ペロブスカイト太陽電池 ……………… 67

放射圧ポテンシャル ……………………24
ホットエレクトロン ……………………27
本多-藤嶋効果 ……………………65, 84

【マ行】

水分解 …………………86, 91, 98, 102

【ヤ行】

誘電率 ………………………………10, 23

〔著者紹介〕

上野貢生（うえの　こうせい）
2004年　北海道大学大学院理学研究科化学専攻博士課程修了
現　在　北海道大学大学院理学研究院化学部門 教授
　　　　博士（理学）
専　門　プラズモニクス，分析化学

三澤弘明（みさわ　ひろあき）
1984年　筑波大学大学院化学研究科化学専攻博士課程修了
現　在　北海道大学 電子科学研究所 特任教授
　　　　併任：台湾国立陽明交通大学 新世代功能性物質研究中心 講座教授
　　　　理学博士
専　門　光化学，プラズモニック化学

化学の要点シリーズ　29　*Essentials in Chemistry 29*
プラズモンの化学
Plasmonic Chemistry

2019年2月25日　初版1刷発行
2021年9月1日　初版2刷発行

著　者　上野貢生・三澤弘明
編　集　日本化学会　Ⓒ2019
発行者　南條光章
発行所　**共立出版株式会社**
　　　　［URL］www.kyoritsu-pub.co.jp
　　　　〒112-0006 東京都文京区小日向4-6-19　電話 03-3947-2511（代表）
　　　　振替口座　00110-2-57035
印　刷　藤原印刷
製　本　協栄製本

printed in Japan

検印廃止
NDC　501.41
ISBN 978-4-320-04470-8

一般社団法人
自然科学書協会
会員

JCOPY ＜出版者著作権管理機構委託出版物＞
本書の無断複製は著作権法上での例外を除き禁じられています．複製される場合は，そのつど事前に，出版者著作権管理機構（ＴＥＬ：03-5244-5088，ＦＡＸ：03-5244-5089，e-mail：info@jcopy.or.jp）の許諾を得てください．